Horst Koehler's Großes Blumenbuch

Blumen, Sträucher und Bäume in Farbe

Mosaik Verlag

Farbtafeln: Verner Hancke
Erläuternder Text der schwedischen Originalausgabe: Runo Löwenmo
Einbandgestaltung: Franz Wöllzenmüller

Originaltitel: Trädgardens Blommor und Trädgardens
Buskar och Träd
Gesamtherstellung Mohndruck Reinhard Mohn OHG, Gütersloh

ISBN 3-570-05440-3

INHALT

Mit freudigem Erstaunen beobachte ich, wie von Jahr zu Jahr immer mehr Menschen durch Umgang mit Blumen und Pflanzen wahrhafte Erholung suchen und finden. Gärtnern in der Freizeit ist eine der großen Kraftquellen unserer Tage. Es vermittelt lebendige Werte und ist zudem wohl der gesündeste „Ausgleichssport", den es gibt. Daher Dank jedem Menschen, der die Schönheiten von Blumen und Pflanzen vermittelt und so allgemein Appetit zum segensreichen Gärtnern in der Freizeit schafft. Bei einem solchen Lehrmeister gibt es viel Neues zu sehen, zu horchen, zu schmecken und zu riechen. Dabei drückt er uns unversehens den Zauberschlüssel zum nie verlorenen Paradies in die Hand. Das „Bunte Blumenbuch", das vor uns liegt, führt uns in die vielseitige Welt des Wunderreiches Garten. Die farbigen Zeichnungen machen diese Führung angenehm und lehrreich. Aus der Fülle von Einjahrs-, Zweijahrsblumen, Stauden, Zwiebelpflanzen, Knollengewächsen, Sträuchern, Bäumen und immergrünen Gewächsen ziehen an die tausend bekannte und zu Unrecht weniger bekannte Pflanzen an uns vorüber. Eine reizvolle Lockung für den Gartenfreund!
Der Text, den der Buchpreisträger der Deutschen Gartenbau-Gesellschaft, Gartenarchitekt Horst Koehler, übersetzt und bearbeitet hat, gibt kurze, inhaltreiche Steckbriefe über Saat, Pflege, Blüte- und Fruchtentwicklung, über Pflanzengemeinschaft und Gartentauglichkeit der Pflanzen. Ich begrüße dieses Blumenbuch für jedermann auf das herzlichste. Möge es überall eine gute Aufnahme finden. Die Gastfreundschaft wird es mit tausend guten Geschenken lohnen.

Graf Lennart Bernadotte

Präsident der Deutschen
Gartenbau-Gesellschaft

EINLEITUNG

Am Anfang war die Pflanze

Ehe der Mensch war, waren die Tiere.
Ehe die Tiere sein konnten, waren die Pflanzen, denn die Tiere mußten von ihnen leben.
Der Mensch wurde, und er lebte von beiden.
Er jagte die Tiere, er aß ihr Fleisch, er kleidete sich mit ihren Häuten, die er haltbar zu machen und zu gerben lernte.
Er sammelte Wurzeln und Beeren, Samenfrüchte und junges Grün, um seinen Leib zu ernähren. Aus Fasern und Pflanzengeweben fertigte er sich wie aus den Tierfellen die wärmende, schützende Bekleidung.
Um leben zu können, mußte er mit Wind und Wetter, mit den Gewohnheiten der Wildnis rings um ihn tief vertraut sein, er mußte Raubtiere von friedlichen Tieren genauso gut unterscheiden können wie nährende oder nützliche Pflanzen von giftigen und gefährlichen.
Dann kam der Tag, an dem er den blinden Zufall seiner Ernte in der Wildnis erkannte.
Von nun an begann er, ein Stück Land zu bebauen. Und wenn es in der wahrhaft bunten Entwicklungsgeschichte der Menschheit bis zum heutigen Tage viele entscheidende Stationen gab und gibt, so erscheint diese umwälzende Erkenntnis des damaligen Menschen als eine der genialsten: aus den Naturgesetzen die großen Abläufe zu erkennen, aus seinen gesammelten Kenntnissen Schlüsse zu ziehen und diese Schlusse dann Schritt für Schritt in die ungewöhnliche Tat umzusetzen.
Bis zu diesem Zeitpunkt mußte der Mensch der Pflanze und dem Tier folgen. Von nun an wählte er sich Pflanzen und Tiere aus, sammelte sie um sich und bildete mit ihnen seine bleibende Umgebung.
Wie groß mußte dazumal des Menschen Kenntnis vom Wachsen und Gedeihen der lebenswichtigen Pflanzen schon gewesen sein, von ihren Lebensbedingungen, von ihren Ansprüchen an den Boden, an Licht, Wärme und Schatten.
Wie weit war er schon eingedrungen in das Wesen der Pflanzen, um sich auch mit Sicherheit der giftigen unter ihnen zu Heilzwecken bedienen zu können. Gräser wurden angebaut und ihre Samen in Steinmühlen zerquetscht. So gewann der Mensch das Mehl. Er baute Flachs, um sich Kleider daraus zu weben.
Einmal aber muß er zu dieser Zeit über die reinen Nutzwerte seiner Umgebung hinaus die Schönheit in der Natur entdeckt haben.

Wer war der erste Gärtner?

Diejenigen, die es drängte, nun, da sie Pflanzen zu säen und anzubauen verstanden, mehr zu tun, als nur an den Magen zu denken, sind

wohl die ersten Gärtner gewesen. Sie holten sich aus der Wildnis von den Pflanzen, die ihnen am schönsten erschienen, Samen, Wurzeln oder gruben sie mit ihrem Erdreich aus und säten oder pflanzten sie bei ihren Wohnstätten, um die Schönheit der Natur immer ganz nahe um sich zu haben, um sie zu besitzen. Nach und nach schufen sie sich einen festen Bestand an solchen Pflanzen, die ihnen ihrer bunten Blüten wegen begehrenswert vorkamen. Mit den ungezählten Jahrtausenden, die seitdem im gärtnerischen Sinn „ins Land gingen", wuchs der feste Bestand an solchen Pflanzen, wuchs aber auch die Liebe der Menschheit zu ihnen, die sich so willig unter der verständnisvollen Obhut des Gärtners entfalteten.
Aus immer größeren Fernen sammelte der gärtnernde Mensch Samen, Knollen, Wurzelstücke, Stecklinge, Reiser und „Augen", um die überall auf der weiten Erde verstreut wachsenden Wunderkinder des Pflanzenreiches in seinem Garten zu vereinen.

Wunder im Pflanzenreich

Wenn wir nicht wissen, wer der erste Gärtner war, so auch nicht, welchem findigen Kopf wir die ersten Züchtungen zu verdanken haben. Der Wunsch, die Größe der Blüten und die Blühwilligkeit der Pflanzen zu steigern, mag zu Experimenten verlockt haben. Vorher jedoch setzte die Beobachtung der Natur den Gärtner auf die richtige Fährte. Er erkannte, daß durch irgendeinen Zufall „Mutationen", d.h. Veränderungen der Pflanzen, bewirkt werden können und daß die Lebensbedingungen ausschlaggebend für die Vervollkommnung einer Pflanzenart sind. Unter starken und schwachen, gesunden und kränkelnden Pflanzen wählte er die besten aus und vermehrte sie, um die wichtigsten Eigenschaften dieser Pflanzen zu erhalten und zu steigern, durch Ableger, Stecklinge u.ä. Da aber einige Pflanzen sich auf diesem Wege nicht vermehren lassen, suchte der gärtnernde Mensch nach ungewöhnlichen Methoden, um sich dennoch diese wichtige Abart zu erhalten. So kam er beispielsweise auf die verblüffende Idee, Knospen oder ganze Zweigteile auf artverwandte „Unterlagen" aufzupfropfen, sie mit dem Saftstrom der Unterlage zu verbinden, um sie damit am Leben zu erhalten. Diese mühselig erworbene Kenntnis von der „Pflanzenamme", die uns heute ganz geläufig erscheint, hat wahrscheinlich mehrere Menschengenerationen beschäftigt, nachdem ein einziger genialer Phantast die sensationelle Möglichkeit der Pfropfung aus der Pflanze herausgefunden hatte.
Ein anderer nahm den Weg der zufälligen Mutation, der spontanen Veränderung irgendeines Sprosses dadurch voraus, daß er die Blumen zweier Arten kreuzte und damit dem menschlichen Schönheitssinn unendliche Möglichkeiten zur Betätigung gab. Auf dem Urgrund der Wildflora entstand durch immer neue Einkreuzungen gärtnerischer Eigenschaften bis heute ein derartiger Reichtum an Pflanzen, daß es fast unmöglich ist, sie alle übersichtlich aufzuführen oder zu nennen.
Heute nehmen wir diese generationsweite, mühselige Kleinarbeit findiger Menschenköpfe, die das geheimnisvoll Schlummernde erspürt, erkannt und oft unter unsäglichen Schwierigkeiten verwirklicht haben, als Selbstverständlichkeit. Wir sollten uns gelegentlich im Garten posthum vor ihnen allen verneigen und dankbar sein.

Aus der Werkstatt der Züchter

In den Werkstätten dieser unermüdlich Schaffenden, deren Name und Persönlichkeit fast allen Menschen unbekannt bleiben, weil keine Weltpresse, kein Fernsehen, kein spannender Film von ihnen Kunde gibt, entstehen die Sorten. Dort werden Blüten unter Mullhüllen mit dem für sie ausersehenen männlichen Pollen bestäubt. Die gedeihenden Samenkapseln, Früchte, Beeren oder Samenstände werden sorgsam bewacht und gehütet und schließlich in unvorstellbaren Mengen ausgesät, um eines Tages gesichtet, ausgelesen und ausgewählt zu werden. Vielleicht bleibt von Tausenden solcher Versuchssämlinge eine einzige Pflanze übrig, deren neue Eigenschaften als geglückt vermutet werden. Damit ist es aber noch lange nicht getan! Es beginnen die Prüfungen auf Härte, Wüchsigkeit, Krankheitsresistenz, verschiedenste Klimabedingungen, Haltbarkeit der Blütenfarbe, Schönheit der Knospe, Regen- und Sonnenfestigkeit. Erst wenn die Pflanze diese und noch viele andere Bedingungen erfüllt, wird sie als Neuheit in den Garten entlassen. Aber selbst dann steht sie noch zunächst in den großen Sichtungsgärten, in denen sie Jahr für Jahr beobachtot und nicht aus den Augen gelassen wird.

Spekulation mit Tulpenzwiebeln

Einige Epochen der Blumenzüchtung sind wie ein Rausch über die Menschheit dahingegangen. Es erscheint uns heute fast unglaubhaft, wenn wir die alten Berichte über die wahrhaft hektische holländische Tulpenspekulation, besser den „Tulpenschwindel" zu begreifen versuchen. Inmitten des Dreißigjährigen Krieges, besonders zwischen 1634 und 1640, erreichte dieser Blumenrausch seinen schwindelnden Höhepunkt, um in einer Finanzkatastrophe von riesigem Ausmaß zu enden.

1554 kamen die ersten Tulpen aus der Türkei nach Europa. Holland vor allem nahm sich dieser neuen Pflanze mit Begeisterung an, begünstigt durch seine sandigen, leichten, aber doch fruchtbaren Böden in Meeresnähe, was für den Aufschwung des Tulpenhandels und der Züchtung von größtem Wert war. Schon 30 Jahre später florierte ein schwunghafter Handel. Es waren bereits viele Züchtungen entstanden, ebenso zufällige Abänderungen (Mutationen), zu denen die Tulpe besonders stark neigt. Und dann verfiel die damalige Welt am Rande des furchtbaren Krieges dem Tulpenwahn. Unvorstellbare Werte wurden umgesetzt. Eine einzige kleine Zwiebel einer neuen und heiß begehrten Sorte konnte derartige Summen erzielen, daß der Züchter, Händler oder Spekulant über Nacht zum Krösus wurde.
Es wird berichtet, daß drei Zwiebeln der Sorte „Semper Augustus" für sage und schreibe 30000 Gulden ersteigert wurden!
Für eine Zwiebel der Sorte „Admiral Enkhuizen" wurden über 10000 Gulden bezahlt. Die Sorte „Vive Le Roi" erbrachte eine riesige Menge an Naturalien: mehrere ausgewachsene Ochsen, Schafe, Ferkel, Wein, Butter, Käse, Roggen, Weizen und kostbare Kleider.
Die einfarbig blühenden Tulpen spielten im Handel keine Rolle, sondern nur die gestreiften, also solche, bei denen auf dunklem Grund helle Streifen, Flammen, Wolkungen auftraten, oder umgekehrt bei hellen Farben dunkle Strichelungen, Federzeichnung. Heute weiß man, daß diese Veränderungen durch Viren hervorgerufen werden, an deren Verbreitung saugende Insekten, wie Blattläuse oder Blattwanzen, beteiligt sind.
Mit weniger Sensationen als die Tulpen bürgerten sich um die gleiche Zeit der Flieder (Syringa vul-

garis) und die Roßkastanie (Aesculus hippocastanum), gleichfalls aus dem Orient stammend, in Deutschland ein. Diese und viele andere Pflanzen sind ganz selbstverständlich „eingemeindet" worden. Die meisten Menschen würden heutzutage nicht vermuten, daß es beispielsweise zu Luthers Zeiten weder Tulpen noch Flieder, noch die Roßkastanie bei uns gegeben hat.

Die Königin der Blumen

Das Jahr der Französischen Revolution, 1789, bringt gleichzeitig eine andere, unblutige Revolution in Bewegung: die Einführung der „Bengalrose", der wenige Jahrzehnte später die „Teerose" folgt. Beide Rosen werden zu Ausgangspartnern für eine Flut von Kreuzungen mit den seit vielen Jahrhunderten vorhandenen europäischen Rosenrassen. Es ist daraus eine bis über den heutigen Tag anhaltende Züchtungswelle geworden, der wir die unzähligen Rosensorten verdanken, die wir aus jedem Baumschulkatalog auswählen können.
Frankreich, England und später besonders auch Deutschland schufen unermüdlich an der Züchtung edelster Formen, Farben und Düfte. Einige der ersten voll geglückten Sorten sind inzwischen als legendäre Züchtungen in die Erinnerung eingegangen. „Gloire de Dijon (Teerose, 1853) „Maréchal Niel" (Teerose, 1864) „La France" (Teehybride, 1867). Noch heute werden diese Sorten von Liebhabern gepflanzt.
Es gab und gibt immer wieder in der langen Geschichte der Rose gewisse Zeitspannen, in denen sie scheinbar an Wichtigkeit verloren hatte oder in Vergessenheit zu geraten schien. Meist waren es Kulturumbrüche, wenn jüngere Barbarenvölker alte Reiche überflutet und eingenommen hatten. Sobald diese jungen Völker aber feinere Sitten annahmen, kam auch die Rose wieder zu ihrer Geltung. Sie war seit je die Blume der Könige oder die Königin der Blumen. Sie wird es weiterhin bleiben, selbst wenn es auf Erden eines Tages keinen König mehr geben wird.

Die Entdeckung der Stauden

Gartenstauden hat es schon seit je gegeben! Aber ihren großen Siegeszug begannen sie erst in den zwanziger Jahren unseres Jahrhunderts anzutreten. Ahnende große Gärtner wandten sich diesem dauerhaften Farbenreich des Gartens mit aller Hingabe zu, und wir danken es ihnen heute, daß sie uns die herrlichsten Möglichkeiten großer Farbzusammenklänge erschlossen haben. Was seit diesen Jahren an neuen Reizen, Farben, Gartenlust und Staudenbegeisterung einzuziehen begann, ist noch längst nicht etwa abgeschlossen: wir befinden uns mitten in diesem Staudenzustrom und bei der Verarbeitung wildnishafter Stauden zu gartenbeständigen, lang- und dauerblühenden Gewächsen. Unermüdlich wurden und werden neue Sorten gezüchtet. Nun liegen diese Schätze der Blumenwelt in solcher Vielfalt und Pracht, wie sie bisher noch keiner Gartengeneration zu Gebote stand, bereit, in die Gärten, in die Grünanlagen und in die Landschaft getragen zu werden.

Wir brauchen Grün

Je mehr die Natur durch das Wachstum der Städte aus unserem Gesichtskreis schwindet, je mehr Stein, Beton, Asphalt und Kunststoffe Pflanzen- und Tierwelt aus unserer nächsten Umgebung verdrängen, desto wichtiger wird heute jeder Garten, jede Grünfläche, jeder Blumenkasten, ja, selbst jeder Blumentopf. Umweltschutz und Umweltpflege haben wieder große Bedeutung erlangt. Um uns selbst vor den Unbilden der Umwelt zu schützen, und um unsere Umwelt menschenfreundlich und menschenwürdig zu gestalten, müssen wir versuchen, bei der Anlage von öffentlichen Grünflächen, von Industrie-, Gewerbe- und Wohnbaugebieten, bei der Anlage von Vor- und Hausgärten und wo immer sonst sich eine Gelegenheit dazu bietet, ein Stück der heimischen Natur festzuhalten oder neu zu schaffen. So gewinnen wir ein Mittel, durch das uns neue Kraftquellen erschlossen werden, die Belastungen und die Schnellebigkeit unserer täglichen Umgebung zu meistern, indem wir uns wieder zurechtfinden in den großen Abläufen der Jahreszeiten, die uns die Natur vorgegeben hat.

„Heimische Natur", die überall in unseren Stadtlandschaften wieder entstehen muß, soll nun beileibe nicht orthodox und eng gefaßt sein! Es gilt nur, möglichst solche Pflanzen in Gemeinschaft mit anderen in die Gärten, die Parks, die Grünanlagen, in die Landschaft hineinzustellen, die nach ihrer Herkunft und ihrem Standort mit unseren heimischen Pflanzen zusammenpassen: Düne zu Düne, Berg zu Berg, Tal zu Tal, Aue zu Aue. Nicht wahllos wie bisher Düne zu Moor, Gebirge zu Aue oder empfindlichste Züchtung in die freie Wildbahn.

Wir müssen hören lernen, was die einzelne Pflanze uns von ihrer Herkunft sagt, mit wem sie Freund sein möchte und mit wem sie sich vom Wesen her nicht gut verträgt. Wir müssen es lernen, Bilder zu schaffen, in denen die benachbarten Pflanzen gegenseitig ihre Wirkung erhöhen.

Der neue Lebensraum

Meue große und kleine Wohngebiete wurden und werden ständig erschlossen. Altes muß weichen und wird neu gestaltet. Bauland soll Garten werden, erweiterter, grüner, natürlicher Lebenswohnraum, und der Neuling steht nicht selten der Tatsache hilflos gegenüber, daß er sich nun diese neue Umwelt mit natürlichen Mitteln gestalten soll. Leicht wird dann vieles aus einer Zeit kritiklos übernommen, deren Merkmale abgezirkelte Beete, ungeeignete Pflanzen, engstirniges Abzäunen oder Abmauern der Vorgärten gegen eine vermeintlich böse Außenwelt waren. Die Furcht gesehen zu werden führt oft dazu, den neugewonnenen Lebensbereich einzuzwängen in die düstere Enge immergrüner Großpflanzungen, ohne den Wert guter Nachbarschaft in der räumlichen Enge heutiger Lebensbedingungen zu erkennen und zu beachten. Schon eine kniehohe Abpflanzung kann als entbannender Zauber gegen diese Furcht des Gesehenwerdens wirken. Ein in der Sitznähe aufgestellter mehrstämmiger Solitärstrauch oder ein baumartiger Strauch in seiner Krone kann alle vermeintlichen Blicke abfangen und Intimität um sich verbreiten. Man wohnt heute nicht allein in seinem eigenen Haus mit einem Garten, an dessen Grenzsteinen die ganze Welt aufhört, sondern man wohnt ebenso in einer ganzen Straße, und man wird bewußt oder unbewußt nach dem Gesamtbild der Umgebung, in der man lebt, beurteilt.

Warum in vielen Wohnstraßen, die überall heute neu entstehen, immer noch die fürchterlichsten Umzäunungen und viel zu hoch einbetonierten Vorgärten wie zur Rundumverteidigung hergerichtet werden, diese Frage stellt sich der verständig Beobachtende allerorten immer wieder. Der Sprung in die Freiheit erfordert Loslösen von gedankenlos übernommenen Vorbil-

dern, sonst bleiben wir unfrei. Warum fällt es so schwer, sich in der Frage der Vorgartengestaltung nicht für die allgemein offene Anlage zu entscheiden, in welcher sich die grünen Vorgärten ungehindert mit dem Straßenraum vermählen? Warum geben wir an dieser wichtigen Stelle nicht lieber das Geld für wirklich gute und wertvolle Pflanzen aus und begnügen uns ohne Zaun mit dem sicheren Wissen um die „Bannmeile" gepflegter offener Gärten? Niemand übertritt diese unsichtbare Grenze. Allen Befürchtungen zum Trotz stellt es sich stets heraus, daß weder Kinder Fußball darauf spielen noch aus Böswilligkeit die Flächen verwüstet werden. Ganz im Gegenteil, solche Straßenzüge sind Oasen und Anziehungspunkte für harmlos sich freuende Spaziergänger, die kein eigenes Heim im eigenen Garten besitzen.
Ländliche Ruhe, landschaftliche Ungebundenheit und Freiheit strahlen derartige Grünstraßen aus, nicht nur auf fremde Passanten, sondern auch täglich auf die kommenden und gehenden Bewohner.

Der Garten als kleine Heimat

Die Kinder in solcher Umgebung nehmen unbewußt, aber wirksam und stark solche Leitbilder für ihr ganzes Leben mit. Heimat wird ihnen zu einem schöneren Begriff, aus dem sie später auch ihre eigene Umgebung unbewußt zu formen versuchen werden. Und auch das ist heute der tiefste Sinn eines jeden Gartens, den wir anlegen, daß er eine Heimat sein muß, eine kleine Heimat, in welcher aber alle Impulse, alle Schönheiten, Freiheiten, alle Entspannung nach Mühe und Arbeit, der jeder heutige Mensch in zunehmendem Maße ausgesetzt ist, und das Wurzelnkönnen umschlossen sind.
Da haftet später im tiefsten Urgrund der Erinnerung ein Duft von Blüten, und wo wir ihn später auch erleben, er führt uns immer wieder ganz plötzlich wie ein Zauber zurück an die Stätten der Kindheit. Da stand ein Holunderbusch und duftete weit um sich her. Er wird uns ein Bild unserer Heimat bleiben, ganz gleich, wo uns sein Duft auch eines Tages in der weiten Welt erreicht. Dort wuchs ein wilder Rosenstrauch mit seinen vielen schönen offenen Blüten. Die Farbe dieser herrlichsten Blumen unserer Erinnerung und der volle lichte Duft der Rosenblüten wird uns durch das ganze Leben begleiten.

Führer durch das Pflanzenlabyrinth

Vor welche Schwierigkeiten sieht sich der Laie gestellt, der darangeht, seinen Garten aufzuteilen. Wegeführung, Wegematerial, Terrasse, Stützmauern, alles will bedacht und untergebracht werden. Dann aber kommt das Schwierigste: die Bepflanzung! Welche unglaubliche Menge von Pflanzen, Arten und Sorten bietet sich da plötzlich an! Was soll man auswählen? Wie hoch wird diese Staude, wie hoch jenes Gehölz, wie hoch und breit der Baum? Damit beginnt eine Kette von Fragen, deren Beantwortung gar nicht leicht ist. Erschwerend dabei wirkt vor allem, daß die Pflanzen zwar international gültige botanische Namen tragen, daß aber unter tausend Laien allenfalls einer sie unter diesem Namen kennt. Die deutschen Bezeichnungen sind zu sehr landschaftsgebunden und daher zu vielfältig, um die Verständigung zu erleichtern. Für manche Pflanzen, besonders unter den Gehölzen, gibt es überhaupt keinen deutschen Namen.
Viele gärtnernde Menschen und Blumenliebhaber wünschten sich schon lange ein umfassendes Buch mit farbigen Abbildungen einer

riesengroßen Anzahl gartenrichtiger Gewächse. Nun liegt es vor, so vollständig, wie es nur möglich war. Größter Dank gebührt dem Zeichner Verner Hancke, der in unendlicher Kleinarbeit über das Illustrative hinaus die Schönheit und das Wesen der Pflanzen erfaßte.

Nach dem Alphabet, getrennt nach Blumen, Gehölzen, Kletterpflanzen und Nadelhölzern, und mit fortlaufenden Nummern sind die Pflanzen der Bildseiten angeordnet. Im gleichen Fortlauf und unter der gleichen Nummer läßt sich die abgebildete Pflanze im Textteil ohne Mühe aufsuchen und aus dem sachlich erläuternden Text in ihren wesentlichen Zügen sofort richtig erkennen. Bild und Text zusammen erteilen dem Blumen- und Gartenliebhaber die gewünschte umfassende Auskunft. Im Register am Schluß des Buches finden wir sowohl die lateinische als auch die deutsche Bezeichnung der Pflanzen alphabetisch geordnet. Jetzt endlich können wir alle an Hand des Großen Blumenbuches die Samen-, Pflanzen- und Baumschulkataloge ergründen, ebenso die Zwiebelblumenangebote. Der Gartenfreund bekommt nun die klare Auskunft, ob er diese Pflanze für seinen Zweck, seine Gegebenheiten anwenden oder ob er nicht eine besser geeignete auswählen soll.

Der gleiche sichere Rat oder die Auskunft über Namen, Heimat, Besonderheiten der Pflanzen wird jedem Benutzer gegeben, der, wenn auch selbst ohne Garten, sich an den Gehölzen, Stauden, Zwiebelblumen und Schlingpflanzen in den Gärten oder öffentlichen Anlagen erfreut.

Es wurde auch einiger besonders bemerkenswerter „historischer" Züchtungen gedacht, z.B. bei Edelrosen, Tulpen, Iris und Dahlien. Sie stehen nur stellvertretend für die vielen, jährlich neu hinzukommenden Sorten, die es heute jedem leicht machen, aus der Fülle des Angebotes seine speziellen Wünsche zu befriedigen.

Den meisten Gehölzen wurde im unteren Bildteil eine Umrißzeichnung mitgegeben, die maßstäblich zu einem Menschen oder zu einem Haus aufzeigt, welche Form, welche Höhe und Breite der betreffende Baum oder Strauch einnimmt. Diese kleinen Hilfszeichnungen sind besonders wertvoll, weil sie jeden gärtnernden Leser davor bewahren, sich ungeeignet hohe oder zu breite Gehölze an Stellen zu pflanzen, die einen anderen Wuchstyp oder eine geringere Höhe verlangen.

Über alle Merkmale und Besonderheiten, wie Höhe des Wuchses, Größe und Farbe der Blüten, Blütezeiten, schöner Austrieb, Herbstfarbe, schmückende oder eßbare Früchte, Windschutz, Rauchfestigkeit, auf Fragen nach Einzel- oder Gruppenstellung, Nachbarschaften, Bodenbeschaffenheit u.ä. geben die Pflanzenbeschreibungen des Textteils Auskunft. Wer durch dieses Buch noch über Anzucht, Bodenbehandlung, Düngung, Schnitt der Obst- und Ziergehölze, Kompostpflege, Gartenplanung, Gartengestaltung, Technik im Garten, Gartengeräte unterrichtet werden will, der möge verstehen, wenn dieses riesige Stoffgebiet hier nicht behandelt werden konnte. Es sei ihm „Das praktische Gartenbuch" vom selben Verlag und vom selben Verfasser empfohlen, das aus der gleichen Schau der Dinge geschrieben wurde. Aus dieser Schau, die uns allen not tut, um aus der Unrast und Ruhelosigkeit wieder an die Quelle zurückzukehren, die uns noch ungetrübt vom üblichen Menschenwerk verbleibt. Das ist die Natur, und das bedeutet für die meisten von uns die täglich erreichbare Natur unseres Gartens.

ZEICHENERKLÄRUNG

Folgende botanische Zeichen bzw. Abkürzungen geben die Eigenschaften der Pflanzen sowohl bei den Abbildungen als auch bei den textlichen Erläuterungen an:

⊙ einjährige Pflanze

⊙ zweijährige Pflanze

♃ Staude

Zwiebelgewächs

⊔ Kasten- oder Topfpflanze

☼ Sonne

◑ Halbschatten

● Schatten

⊥ Einzelstellung

durch Blätter zierend

Rasen bildend

▭ Staudenrabatte

△ Steingartenpflanze

≈ feuchtes Ufer liebend

∧ Winterschutz

Hecke

durch Früchte zierend

|| Felsspalte

rauchhart

Bienenweide

✂ als Vasenschmuck geeignet

4/5 April–Mai (Blüte oder Reifemonat)

20/qm Anzahl der Pflanzen je qm

(1950) Jahr der Züchtung (bei Rosensorten)

Die Abbildungen und textlichen Erläuterungen sind innerhalb der einzelnen Kapitel
Blumen · Gehölze · Schling- und Kletterpflanzen · Nadelhölzer
nach ihren botanischen Namen alphabetisch angeordnet.

EINJÄHRIGE

UND ZWEIJÄHRIGE BLUMEN

KNOLLEN- UND ZWIEBELGEWÄCHSE

STAUDEN

1. ♃ *Achillea filipendulina „Parkers Varietät"* – Gelbe Schafgarbe
2. ♃ *Achillea millefolium „Cerise Queen"* Rote Schafgarbe
3. ♃ *Adonis vernalis* – Adonisröschen
4. ♃ *Aconitum napellus „Sparks Varietät"* – Blauer Eisenhut,
5. ♃ *Ajuga reptans* – Kriechender Günsel [Venuswagen, Sturmhut

6. ⊙ *Ageratum houstonianum (mexicanum)* – Leberbalsam
7. ⊙ *Alyssum maritimum „Königsteppich“* – Steinkraut
8. ♃ *Alyssum saxatile compactum* – Steinkraut, goldgelb
9. ♃≈ *Alisma plantago aquatica* – Froschlöffel

10. ⊙ *Althaea rosea* – Stockrose
11. ⊙ *Althaea rosea „Chaters-Malven“* – Stockrose, Malve
12. ♃ *Anchusa italica „Dropmore“* – Blaue Ochsenzunge
13. ♃ *Anchusa myosotidiflora* – Sogen. Kaukasusvergißmeinnicht

14. ♃ *Anemone blanda* – Balkan-Anemone, Windröschen
15. ⚘ *Anemone coronaria „de Caen"* – Anemone, Ranunkel
16. ♃ *Anemone hupehensis „Königin Charlotte"* – Herbstanemone
17. ♃ *Anemone hupehensis „Septembercharme"* – Herbstanemone
18. ♃ *Anthemis tinctoria „Kelwayi"* – Färberkamille

19. ⊙ *Antirrhinum majus „Golden Dawn“* – Löwenmaul
20. ⊙ *Antirrhinum majus „Royal Cerise“*
21. ⊙ *Antirrhinum majus „Purple Eclipse“*
22. ⊙ *Antirrhinum majus „Wilken“*
23. ⊙ *Antirrhinum majus „Golden Queen“*
24. ⊙ *Antirrhinum majus „Defiance“*

25. ♃ *Aquilegia coerulea hybrida* – Akelei
26. ♃ *Aquilegia helenae*
27. ♃ *Aquilegia hybrida „Rosa Königin"*
28. ♃ *Aquilegia hybrida skinneri*

29. ♃ *Arabis albida* – Gänsekresse
30. ♃ *Arabis albida flore pleno* – Gänsekresse, dichtgefüllt
31. ♃ *Arabis albida „Rosabella"* – Rosa Gänsekresse
32. ♃ *Armeria maritima* – Grasnelke
33. ♃ *Arum italicum* – Gefleckter Aronstab
34. ♃ *Artemisia lactiflora* – Duftraute, Beifuß
35. ♃ *Aruncus silvester* – Geißbart

36. ♃ *Aster amellus „Oktoberkind"* – Virgilaster
37. ♃ *Aster amellus „Mrs. Ralph Wood"* – Virgilaster
38. ♃ *Aster acris nanus sedifolius* – Spätsommeraster
39. ♃ *Aster frikartii „Wunder von Stäfa"* – Spätsommeraster
40. ♃ *Aster amellus „Kobold"* – Virgilaster

41. ♃ *Aster ericoides* – Herbstmyrten-Aster, Erika-Aster
42. ♃ *Aster novi-belgii* „*Royal Blue*“ – Herbstaster
43. ♃ *Aster alpinus subcoeruleus* „*Sternschnuppe*“ – Alpenaster
44. ♃ *Aster novi-belgii* „*Beechwood Challenger*“ – Herbstaster,
45. ♃ *Aster novi-belgii* „*Elisabeth Bright*“ [Sternaster

46. ♃ *Astilbe arendsii hybrida „Bergkristall“* – Prachtspiere
47. ♃ *Astilbe arendsii hybrida „Fanal“*
48. ♃ *Astilbe arendsii hybrida „Finale“*
49. ♃ *Astilbe arendsii hybrida „Gloria“*
50. ♃ *Astilbe arendsii hybrida „Lachskönigin“*
51. ♃ *Astrantia major* – Sterndolde

52. ♃ *Aubrietia deltoidea tauricola* – Blaukissen
53. ♃ *Aubrietia deltoidea „Moerheimii“*
54. ♃ *Aubrietia deltoidea „Dr. Mules“*
55. ♃ *Aubrietia deltoidea „Purpurteppich“*
56. ♃ *Aubrietia deltoidea „Blue Emperor“*
57. ♃ *Aubrietia deltoidea „Lavender“*

58. ⊙ *Begonia semperflorens „Rote Perle"* – Sommerbegonie
59. ⊙ *Begonia semperflorens „Primadonna"*
60. ⊙ *Begonia semperflorens „Tausendschön"*
61. ⊙ *Begonia semperflorens „Schneeweißchen"*

62. ♀ *Begonia tuberhybrida multiflora „Flamboyant“* – Kleinblumige vielblütige Knollenbegonie

63. ♀ *Begonia tuberhybrida multiflora „Frau Helene Harms“*

64. ♀ *Begonia tuberhybrida gigantea* – Einfache und gefüllte großblumige Knollenbegonie

65. ♀ *Begonia tuberhybrida multiflora „Mme. Oscar Lamarck“* – Kleinblumige vielblütige Knollenbegonie

66. ⊙ *Bellis perennis „Purpurmantel“* – Tausendschön, Marienblume
67. ⊙ *Bellis perennis flore pleno* – Rosa gefülltes Tausendschön
68. ⊙ *Bellis perennis flore pleno alba* – Weiß gefülltes Tausendschön
69. ♃ *Bergenia cordifolia purpurea* – Bergenie, Riesensteinbrech
70. ⊙ *Briza maxima* – Riesenzittergras [blume
71. ♃≋ *Butomus umbellatus* – Wasserliesch, Blumenbinse, Schwanen-

72. ⊙ *Calceolaria integrifolia rugosa* – Pantoffelblume
73. ♃ *Calceolaria polyrrhiza* – Zwerg-Pantoffelblume
74. ⊙ *Calendula officinalis „Balls Orange"* – Ringelblume, Gilke
75. ⊙ *Calendula officinalis „Balls Gold"* – Ringelblume, Gilke

76.–77. ⊙ *Callistephus chinensis „Strahlenaster“* – Sommeraster
78.–80. ⊙ *Callistephus chinensis „Margaretenaster“*
81.–82. ⊙ *Callistephus chinensis „Straußenfederaster“*
83.–84. ⊙ *Callistephus chinensis „Liliput-Aster“*

85. ♃≈ *Calla palustris* – Sumpfkalla, Schweinsohr, Sumpfdrachenwurz
86. ♃≈ *Caltha palustris flore pleno praecox* – Sumpfdotterblume, gefüllt
87. ♃≈ *Caltha palustris* – Wilde Sumpfdotterblume

88. *Canna indica hybrida „Louis Cayeux“* – Indisches Blumenrohr
89. *Canna indica hybrida „Le Tigre“* – Indisches Blumenrohr
90. *Canna indica hybrida „J. B. van der Schoot“* – Indisches Blumenrohr

91. ♃ *Campanula carpatica* – Karpatenglockenblume
92. ♃ *Campanula glomerata dahurica* – Knäuelglockenblume
93.–94. ⊙ *Campanula medium* – Marienglockenblume
95.–96. ♃ *Campanula persicifolia* – Pfirsichblättrige Glockenblume
97. ♃ *Campanula portenschlagiana* – Polsterglockenblume
98. ♃ *Campanula pulla* – Alpenglockenblume

99. ⊙ *Centaurea cyanus* – Kornblume, Flockenblume
100. ♃ *Centaurea montana rosea* – Rosa Bergkornblume
101. ♃ *Centaurea montana grandiflora* – Großblumige Bergkornblume
102. ♃ *Centranthus (Kentranthus) ruber coccineus* – Karminrote Spornblume, Sporenbaldrian

103. ♃ *Cerastium tomentosum* – Hornkraut
104. ⊙ *Cheiranthus cheiri* – Goldlack
105. ♃ *Cheiranthus allionii (Erysimum)* – Staudengoldlack
106. ♃ *Chiastophyllum oppositifolium (Cotyledon simplicifolia)* – Goldtröpfchen

107. ♃ *Chrysanthemum indicum hybridum „Zwergsonne“* – Chrysantheme

108. ♃ *Chrysanthemum indicum hybridum „Anastasia“*

109. ♃ *Chrysanthemum koreanum hybridum „Apollo“*

110. ♃ *Chrysanthemum koreanum hybridum „Hebe“*

111. ♃ *Chrysanthemum indicum hybridum „Gobelin"* – Chrysantheme

112. ♃ *Chrysanthemum indicum hybridum „Septembergold"*

113. ♃ *Chrysanthemum indicum hybridum „Phoenix"*

114.–115. ♃ *Chrysanthemum indicum hybridum „Mme. Marie Massé"*

116. ♃ *Chrysanthemum roseum (Pyrethrum) „Eileen May Robinson"* – Bunte Margerite

117. ♃ *Chrysanthemum roseum (Pyrethrum) „James Kelway"*

118. ♃ *Chrysanthemum maximum „Gruppenstolz"*

119. ♃ *Chrysanthemum roseum (Pyrethrum) „White Queen Mary"*

120. ⊙ *Chrysanthemum segetum „Eldorado“* – Goldmargerite, Sommerchrysantheme

121. ⊙ *Chrysanthemum carinatum* – Bunte einjährige Sommerchrysantheme

122. ♃ *Chrysanthemum leucanthemum vernale* – Frühlingsmargerite

123. ⊙ *Chrysanthemum coronarium* – Kronenmargerite

124. ⊙ *Clarkia elegans* – Klarkie, Mandelröschen
125. ♃ *Cimicifuga dahurica* – Amur-Silberkerze
126. ♃ *Cimicifuga racemosa* – Trauben-Silberkerze

127. ⊙ *Cobaea scandens* – Rankende Krallenwinde
128. ⚘ *Colchicum autumnale* – Herbstzeitlose
129. ♃ *Convallaria majalis* – Maiglöckchen, Maiblume

130. ⊙ *Coreopsis tinctoria (C. bicolor)* – Mädchenauge, Schöngesicht
131. ♃ *Coreopsis verticillata grandiflora* – Netzschöngesicht
132. ⊙ *Cosmea bipinnata* – Schmuckkörbchen
133. ♃ *Corydalis lutea* – Gelber Lerchensporn

134. ♀ *Crocus aureus* – Goldkrokus
135. ♀ *Crocus speciosus* – Herbstkrokus
136.–137. ♀ *Crocus vernus* – Frühlingskrokus
138. ♀ *Cyclamen neapolitanum* – Balkan-Alpenveilchen
139. ♃ *Cypripedium calceolus* – Heimischer Frauenschuh,
[Erdorchidee

140. *Dahlia cultorum variabilis „Zauberin“* – Dahlie
141.–142. *Dahlia cultorum „Top Mix“* – Mignon-Dahlie
143. *Dahlia cultorum „Thomas A. Edison“* – Schmuckdahlie

144. *Dahlia cultorum „Helly Boudewijn"* – Schmuckdahlie
145. *Dahlia cultorum „Tor"* – Schmuckdahlie
146. *Dahlia cultorum „Gretchen Heine"* – Pompon-Dahlie
147. *Dahlia cultorum „Golden Leader"* – Schmuckdahlie
148. *Dahlia cultorum „Riant"* – Schmuckdahlie

149. *Dahlia cultorum „Bacchus“* – Schmuckdahlie
150. *Dahlia cultorum „Gerrie Hoek“*
151. *Dahlia cultorum „Arc de Triomphe“*
152. *Dahlia cultorum „Purpur Slag“*

153. *Dahlia cultorum variabilis „Ballego's Glory"* – Schmuckdahlie
154. *Dahlia cultorum variabilis „Barbarossa"*
155. *Dahlia cultorum variabilis „Andries Pink"*
156. *Dahlia cultorum variabilis „Ahoy"*
157. *Dahlia cultorum variabilis „Therose"*

158. *Dahlia cultorum variabilis „Duindigt"* – Kaktus-Dahlie
159. *Dahlia cultorum variabilis „Brandaris"*
160. *Dahlia cultorum variabilis „Yellow Special"*
161. *Dahlia cultorum variabilis „Guten Morgen" (Good Morning)*

162. ♁ *Dahlia cultorum variabilis „Finesse Anversoise"* – Kaktus-Dahlie
163. ♁ *Dahlia cultorum variabilis „Silvretta"*
164. ♁ *Dahlia cultorum variabilis „Pin Up"*
165. ♁ *Dahlia cultorum variabilis „Purity"*

166. *Dahlia cultorum variabilis „Broeder Justinus"* – Schmuckdahlie
167. *Dahlia cultorum variabilis „Elise Crellin"*
168. *Dahlia cultorum variabilis „Baby Rose"*
169. *Dahlia cultorum variabilis „Freya"*
170. *Dahlia cultorum variabilis „Daga"*

171. *Dahlia cultorum variabilis „Apropos“* – Pompon-Dahlie
172. *Dahlia cultorum variabilis „Heloise“*
173. *Dahlia cultorum variabilis „Nerissa“*
174. *Dahlia cultorum variabilis „Kochelsee“*
175. *Dahlia cultorum variabilis „Pinocchio“*
176. *Dahlia cultorum variabilis „Sonnengold“*
177. *Dahlia cultorum variabilis „Stolze von Berlin“*

178. *Dahlia variabilis „Symphonia“* – Mignon-Dahlie
179. *Dahlia variabilis „Schneeprinzessin“* – Mignon-Dahlie
180. *Dahlia variabilis „Mondlicht“* – Mignon-Dahlie
181. *Dahlia variabilis „Paisley-Gem“* – Mignon-Dahlie
182. *Dahlia variabilis „La Cierva“* – Halskrausen-Dahlie

183. ♃ *Delphinium cultorum „Berghimmel"* – Rittersporn
184. ♃ *Delphinium cultorum „Föhn"*
185. ♃ *Delphinium belladonna hybrida „Mrs. Thomson"*

186. ♃ *Delphinium cultorum-PacificHybriden „Giant"* – Amerikanischer Rittersporn
187. ♃ *Delphinium ruysii „Rosa Überraschung"* – Rosa Rittersporn
188. ♃ *Delphinium nudicaule* – Roter Steingartenrittersporn
189. ♃ *Delphinium cultorum „Gletscherwasser"* – Rittersporn

190. ⊙ *Dianthus barbatus* – Bartnelke, Studentennelke
191.–193. ⊙ *Dianthus caryophyllus* – Land- oder Gartennelke
194. ♃ *Dianthus plumarius „Duchesse of Fife“* – Federnelke
195. ⊙ *Dianthus caryophyllus „Sonnengold“* – Land- oder Garten-
196. ♃ *Dianthus plumarius „Diamant“* – Federnelke [nelke

197. ♃ *Dicentra spectabilis* – Tränendes Herz
198.–199. ⊙ *Dimorphoteca aurantiaca* – Goldblume
200. ⊙ *Digitalis purpurea* – Fingerhut

201. ♃ *Dodecatheon meadia* – Götterblume
202. ♃ *Doronicum caucasicum magnificum* – Kaukasische Gemswurz
203. ♃ *Dryas octopetala* – Silberwurz
204. ♃ *Echinops ritro „Taplow Blue"* – Blaue Kugeldistel

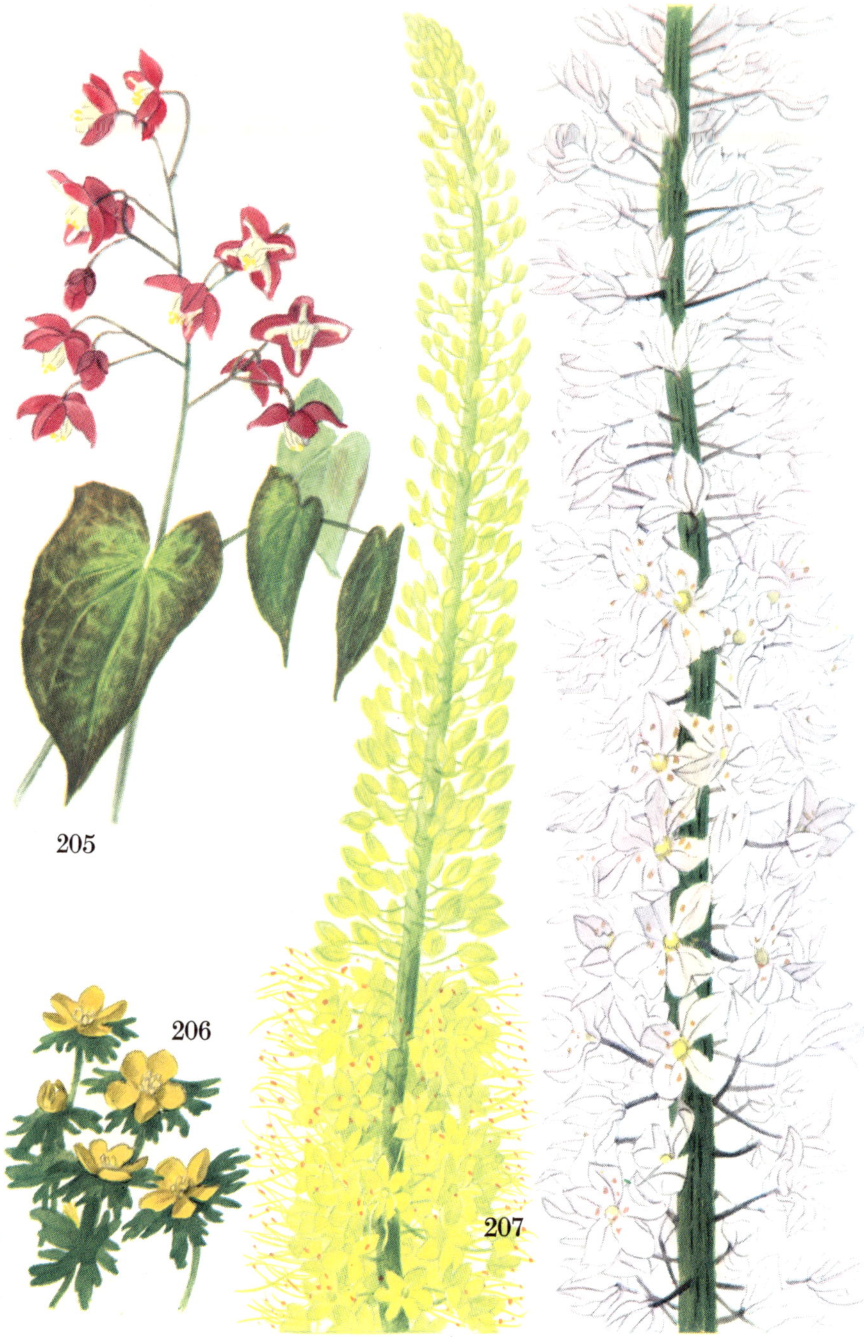

205. ♃ *Epimedium rubrum* – Elfenblume
206. *Eranthis hiemalis* – Winterling
207. *Eremurus bungei* – Steppenkerze, Kleopatranadel
208. *Eremurus robustus* – Steppenkerze, pfirsichrosa

209. ♃ *Erigeron hybridus „Wuppertal“* – Feinstrahlaster
210. ♃ *Erigeron hybridus „Vanity“*
211. ♃ *Erigeron hybridus „Sommerneuschnee“*
212. ♃ *Erigeron hybridus mesagrande speciosus*

213. ♃ *Eryngium hybridum* – Edeldistel, Mannstreu
214. ⚲ *Erythronium dens-canis* – Hundszahn
215. ⊙ *Eschscholtzia californica* – Goldmohn, Eschscholtzie

216. ♃ *Euphorbia polychroma (epithymoides)* – Gold- oder Frühlingswolfsmilch

217. ♃ *Filipendula rubra venusta magnifica* – Spierstaude, Mädesüß

218. ♃ *Filipendula hexapetala (ulmaria filipendula)* – Mädesüß

219. *Fritillaria imperialis* – Kaiserkrone
220. *Galanthus nivalis* – Schneeglöckchen
221. *Fritillaria meleagris* – Schachbrettblume, Kibitzei

222. ♃ *Gaillardia aristata grandiflora* – Maler- oder Kokardenblume
223. ♃ *Galega officinalis* – Geißraute
224. ♃ *Gentiana acaulis* – Stengelloser Enzian
225. ♃ *Geranium endressii* – Pyrenäen-Storchschnabel

226. ♃ *Geum coccineum heldreichii* – Nelkenwurz, Benediktenkraut
227. ♃ *Geum chiloense hybridum „Mrs. Bradshaw“*
228. ♃ *Geum hybridum „Goldball“ (Lady Straatheden)*
229. ♁ *Gladiolus gandavensis* – Gladiole, Siegwurz, Schwertel

230. ⊙ *Godetia whitneyi* – Sommerazalee, Godetie
231. ⊙ *Gypsophila elegans maxima alba* – Einjähriges Schleierkraut
232. ♃ *Gypsophila paniculata* – Staudenschleierkraut

233. ♃ *Helenium hybridum „Crimson Beauty“* – Sonnenbraut
234. ♃ *Helenium hybridum pumilum magnificum*
235. ♃ *Helenium hybridum „Wesergold“*
236. ♃ *Helenium hybridum „Moerheim Beauty“*

237. ☉ *Helianthus annuus giganteus* – Sonnenblume
238. ☉ *Helianthus annuus „Abendsonne“*
239. ♃ *Helianthus rigidus „Miß Mellish“*

240. ⊙ *Helichrysum bracteatum* – Strohblume
241. ♃ *Heliopsis scabra hybrida* – Sonnenauge
242. ⊙ *Heliotropium peruvianum* – Heliotrop

243. ♃ *Helleborus abschasicus (caucasicus)* – Kaukasische Christrose
244. ♃ *Helleborus niger* – Christrose
245. ♃ *Hemerocallis hybrida* – Taglilie

246. ⊙ *Hesperis matronalis* – Nachtviole
247. ♃ *Hepatica triloba (Anemone hepat.)* – Leberblümchen
248. ♃ *Hepatica rubra plena* – Leberblümchen, gefüllt, rot
249. ♃ *Heuchera sanguinea splendens* – Purpurglöckchen

250. ♃ *Hosta coerulea (ovata)* – Funkie, Herzlilie
251. ♃ *Hosta coerulea albo-marginata* – Weißrandfunkie

252 253 254

252. ♀ *Hyacinthus orientalis „Lady Derby"* - Hyazinthe
253. ♀ *Hyacinthus orientalis „Jan Bos"*
254. ♀ *Hyacinthus orientalis „Gertrude"*

255 256 257

255. *Hyacinthus orientalis „City of Haarlem"* – Hyazinthe
256. *Hyacinthus orientalis „Grand Maître"*
257. *Hyacinthus orientalis „L'Innocence"*

258. ♃ *Iberis sempervirens* – Schleifenblume
259. ⊙ *Iberis umbellata cardinalis* – Rosarote Schleifenblume
260. ⊙ *Impatiens balsamina* – Fleißiges Lieschen, Balsamine
261. ♃ *Incarvillea delavayi* – Freiland-Gloxinie
262. ⊙ *Ipomoea purpurea* – Trichterwinde

263. ♃ *Iris pumila* – Zwerg-Iris
264. ♃ *Iris pseudacorus* – Heimische Sumpfschwertlilie
265. ♃ *Iris reticulata* – Netzhaut-Iris, Steppen-Iris
266. ♃ *Iris sibirica „Strandperle“* – Sibirische Schwertlilie

267. ♃ *Iris germanica „Mme. Chereu“* – Schwertlilie
268. ♃ *Iris germanica „Mme. Gaudicheau“*
269. ♃ *Iris germanica „Clematis“*
270. ♃ *Iris germanica „Flammenschwert“*
271. ♃ *Iris germanica odoratissima*

272. ♃ *Iris germanica „La Beauté"* – Schwertlilie
273. ♃ *Iris germanica „Mrs. Neubrunner"*
274. ♃ *Iris germanica „Rota"*
275. ♃ *Iris germanica „Rheintraube"*

276. ♃ *Kniphofia hybrida „The Rocket“* – Fackellilie
277. ♃ *Kniphofia hybrida „Royal Standard“*
278. ⊙ *Kochia trichophylla* – Sommerzypresse

279. ⊙ *Lathyrus odoratus hybridus* – Edelwicke
280. ♃ *Lathyrus latifolius* – Platterbse
281. ♃ *Lathyrus vernus (Orobus vernus)* – Frühlingswaldwicke

282. ♃ *Lavatera thuringiaca* – Thüring. Buschmalve, Sommerpappel
283. ♃ *Leontopodium alpinum* – Edelweiß
284. *Leucojum vernum* – Märzbecher
285. ♃ *Liatris spicata* – Prachtscharte

286. ♀ *Lilium candidum* – Weiße Madonnenlilie
287.–288. ♀ *Lilium martagon* – Türkenbundlilie
289. ♀ *Lilium regale* – Königslilie

290. ♀ *Lilium tigrinum* – Tigerlilie
291. ♀ *Lilium davuricum (umbellatum)*-Feuerlilie
292. ♀ *Lilium davuricum (umbellatum) „Golden Fleece"*

293. ♃ *Linaria pallida* – Abruzzen-Leinkraut
294. ♃ *Linum narbonnense* – Staudenlein
295. ⊙ *Linum grandiflorum* – Roter Lein
296. ⊙ *Lobelia compacta pumila splendens* – Männertreu
297. ⊙ *Lobelia hybrida pendula*-Hängende Ampel-Lobelie

298

298. ♃ *Lupinus polyphyllus* – Lupine, Wolfsbohne. Russel-Sorten.
Von links nach rechts: Lilac Queen, Maharani,
Blue Jacket, City of York, Golden Queen,
Lilac Time

299. ♃ *Lychnis chalcedonica* – Brennende Liebe
300. ♃ *Lychnis tomentosa coronaria* – Lichtnelke
301. ♃ *Lysimachia nummularia* – Pfennigkraut
302. ♃ *Lysimachia punctata* – Gilbweiderich, Felberich

303. ♃≈ *Lythrum virgatum „Rose Queen"* – Blutweiderich
304. ♃ *Macleya cordata (Bocconia)* – Federmohn, Bocconie
305. ⊙ *Malope trifida* – Trichtermalve
306. ⊙ *Matricaria compacta „Goldball"* – Mutterkraut, Edelkamille

307. ⊙ *Matthiola annua* – Sommerlevkoje
308. ⊙ *Mimulus luteus cupreus* – Gauklerblume
309. ⊙ *Mimulus luteus tigrinus grandiflorus* – Gauklerblume

310. ♃ *Meconopsis simplicifolia (betonicifolia) baileyi* – Scheinmohn

311. ♃≋ *Menyanthes trifoliata* – Bitterklee, Fieberklee

312. ♃ *Montbretia aurea (Tritonia)* – Montbretie

313. ♃ *Monarda didyma „Cambridge Scarlet"* – Indianernessel
314. ♃ *Myosotis palustris „Thüringen"* – Sumpf-Vergißmeinnicht
315. ♃ *Myosotis palustris „Perle von Rönneberg"* – Vergißmeinnicht
316. ♁ *Muscari botryoides* – Traubenhyazinthe

317. ♀ *Narcissus trianthus „Thalia“* – Tazette
318. ♀ *Narcissus poetaz „Scarlet Gem“* – Straußennarzisse
319. ♀ *Narcissus poetaz „Laurence Koster“* – Straußennarzisse
320. ♀ *Narcissus poeticus „Actea“* – Dichternarzisse
321. ♀ *Narcissus incomparabilis „Scarlet Elegance“* – Halbtrompeten-Narzisse, Echte Narzisse

322. *Narcissus pseudo-narcissus „Golden Harvest"* – Trompeten-Narzisse

323. *Narcissus pseudo-narcissus „Spring Glory"* – Trompeten-Narzisse

324. *Narcissus pseudo-narcissus „Van Sion"* – Gelbe gefüllte Narzisse

325. ⊙ *Nemesia strumosa* – Elfenspiegel
326. ⊙ *Nemophila insignis* – Hainblume
327. ♃ *Nepeta mussinii* – Katzenminze, Silberminze
328. ⊙ *Nicotiana sanderae* – Duftender Ziertabak
329.–330. ⊙ *Nigella damascena plena* – Jungfer im Grünen

331. ♃ *Nymphaea odorata „Rosennymphe“* – Duftende Seerose
332. ♃ *Nymphaea alba* – Weiße Seerose
333. ♃ *Nymphaea marliacea chromatella* – Gelbe Seerose.
334. ♃ *Nymphaea laydeckeri purpurata* – Karminrote Zwergseerose

335. ♃ *Oenothera glauca* – Nachtkerze
336. ♃ *Oenothera missouriensis* – Kriechende Nachtkerze
337. ♃ *Omphalodes verna* – Gedenkemein, Waldvergißmeinnicht
338. ⚘ *Ornithogalum nutans* – Balkan-Milchstern

339. ♃ *Paeonia albiflora „Maréchal Mac Mahon“* – Edelpäonie, Pfingstrose
340. ♃ *Paeonia albiflora „Königin Wilhelmine“* – Edelpäonie
341. ♃ *Paeonia albiflora „Marie Lemoine“* – Edelpäonie
342. ♃ *Paeonia officinalis rosea plena* – Bauernpfingstrose
343. ♃ *Paeonia officinalis rubra plena* – Bauernpfingstrose

344. ♃ *Paeonia albiflora „Kasha-no-mai"* – Japanische Pfingstrose

345. ♃ *Paeonia albiflora „Kasane-jishi" (Doppelter Löwe)* – Japanische Pfingstrose

346. ♃ *Paeonia albiflora „Whitley Major"* – Einfache Pfingstrose

347. ♃ *Paeonia albiflora „Avalanche" (Albâtre)* – Edelpäonie

348. ♃ *Papaver nudicaule* – Islandmohn
349.–351. ♃ *Papaver orientale* – Staudenmohn
352. ⊙ *Papaver somniferum plenum* – Schlafmohn, Opiummohn
353.–354. ⊙ *Papaver somniferum „Danebrog"* – Schlafmohn

355. ⊔ *Pelargonium peltatum „Cattleya“* – Efeu- oder Hängepelargonie
356. ⊔ *Pelargonium peltatum „Mme. Crousse“*
357. ⊔ *Pelargonium peltatum „Balkonkönigin“*
358. ⊔ *Pelargonium peltatum „L'Etincelant“*

359. ☐ *Pelargonium zonale „Volkskanzler"* – Zonal- oder Rundblatt-pelargonie

360. ☐ *Pelargonium zonale „Radio"*

361. ☐ *Pelargonium zonale „Purpurkönigin"*

362. □ *Pelargonium zonale „Leif"* – Zonal- oder Rundblattpelargonie
363. □ *Pelargonium zonale „Wunderkind"*
364. □ *Pelargonium zonale „Mme. Salleron"*

365. ♃ *Pentastemon barbatus (Chelone barb.)* – Bartfaden
366. ♃ *Pentastemon gentianoides grandiflorus* – Großblumiger Bart-
367.–368. ⊙ *Petunia hybrida nana* – Petunie [faden
369. ⊙ *Petunia pendula violacea* – Rathauspetunie
370. ⊙ *Petunia fimbriata „Gottfried Michaelis"* – Gefranste Petunie

371. ⊙ *Phlox drummondii* – Sommerphlox
372. ♃ *Phlox paniculata „Frau Alfred von Mauthner" (Spitfire)* – Flammenblume, Herbstflieder
373. ♃ *Phlox paniculata „Abenddämmerung"*
374. ♃ *Phlox paniculata „Jules Sandeau" (Württembergia)*

375

376

377

378

375. ♃ *Phlox paniculata „Landhochzeit"* – Herbstflieder, Flammenblume

376. ♃ *Phlox paniculata „Puderquaste"*

377. ♃ *Phlox paniculata „Spätrot"*

378. ♃ *Phlox paniculata „Fridjof"*

379. ♃ *Phlox paniculata „Schneerausch"* – Herbstflieder, Flammenblume

380. ♃ *Phlox paniculata „Wilhelm Kesselring"*

381. ♃ *Phlox paniculata „Pastorale"*

382

383

384

385

382. ♃ *Phlox subulata „Maischnee“* – Teppichphlox
383. ♃ *Phlox subulata atropurpurea*
384. ♃ *Phlox subulata „G. F. Wilson“*
385. ♃ *Phlox subulata „Sensation“*

386. ♃ *Physostegia virginiana (Dracocephalum)* – Gelenkblume, Falscher Drachenkopf

387. ♃ *Phytolacca americana* – Kermesbeere

388. ♃ *Polemonium coeruleum* – Sperrkraut, Himmelsleiter

389. ♃ *Polemonium reptans* – Kriechendes Sperrkraut

390. ♃ *Polygonatum multiflorum* – Salomonssiegel
391. ♃ *Polygonum bistorta* – Wiesenknöterich
392. ♃ *Potentilla atrosanguinea „Gibson's Scarlet"* – Fingerkraut
393. ♃ *Potentilla aurea* – Gold-Fingerkraut
394. ♃ *Potentilla nepalensis „Miss Wilmott"* – Indisches Fingerkraut

395. ♃ *Primula beesiana* – Etagenprimel
396. ♃ *Primula denticulata* – Kugelprimel
397. ♃ *Primula florindae* – Hohe Tibetprimel
398.–400. ♃ *Primula elatior gigantea hybrida* – Großblumige Gartenprimel

401. ♃ *Primula japonica* – Karminrote Japanprimel
402. ♃ *Primula sieboldii* – Primel
403. ♃ *Primula pruhoniciana „Gartenglück“* – Polsterprimel
404. ♃ *Primula pruhoniciana „Wanda“* – Polsterprimel
405. ♃ *Primula variabilis (Primula anglica)* – Gartenprimel

406. ♃ *Pulmonaria angustifolia azurea* – Himmelblaues Lungenkraut
407. ♃ *Pulsatilla vulgaris (Anemone)* – Küchenschelle, Kuhschelle
408. ⊙ *Reseda odorata* – Reseda, Wau
409. ♃ *Ranunculus asiaticus* – Gartenranunkel

410. ⊙ *Ricinus communis sanguineus* – Blutroter Wunderbaum, Palma Christi
411. ♃ *Rodgersia aesculifolia* – Kastanienblättrige Rodgersie
412. ♃ *Rodgersia tabularis* – Schirmblatt-Rodgersie

413. ♃ *Rudbeckia nitida „Herbstsonne“* – Fallschirmrudbeckie
414. ♃ *Rudbeckia fulgida (sullivanti)* – Rudbeckie
415. ♃ *Rudbeckia purpurea „The King“* – Purpur-Rudbeckie

416. ♃≋ *Sagittaria sagittifolia* – Pfeilkraut
417. ⊙ *Salpiglossis sinuata (variabilis)* – Trompetenzunge
418. ♃ *Salvia superba (nemorosa)* – Gartensalbei

419. ♃ *Salvia patens* – Blaue Salbei
420. ⊙ *Salvia splendens* – Einjährige feuerrote Salvie
421. ⊙ *Sanvitalia procumbens* – Zwergsonnenblume
422. ♃ *Saponaria ocymoides* – Seifenkraut

423. ♃ *Saxifraga lingulata superba* – Silberrosetten-Steinbrech
424. ♃ *Saxifraga apiculata* – Gelber Steinbrech
425. ♃ *Saxifraga arendsii* – Teppichsteinbrech [Felsenbraut
426. ♃ *Saxifraga cotyledon purpurata* – Schleierkrautsteinbrech,
427. ♃ *Saxifraga umbrosa* – Schattensteinbrech, Porzellanblümchen

428. ♃ *Scabiosa caucasica „Himmelskönigin"* – Kaukasus-Scabiose
429. ⊙ *Scabiosa maritima (atropurpurea) grandiflora* – Gartenscabiose

430. ⊙ *Schizanthus wisetonensis* – Spaltblume
431. ♁ *Scilla hispanica (campanulata)* – Spanischer Blaustern
432. ♁ *Scilla sibirica* – Russischer Blaustern

433. ♃ *Sedum acre* – Mauerpfeffer
434. ♃ *Sedum ewersii* – Herbstsedum
435. ♃ *Sedum spectabile „Brillant“* – Blumen-Sedum
436. ♃ *Sedum spathulifolium (purpureum)* – Purpurnes Polstersedum

437. ♃ *Sedum spurium roseum superbum* – Rosa Teppichsedum
438. ♃ *Sedum telephium „Munstead Dark Red"* – Hohes Herbstsedum

439. ♃ *Sempervivum arachnoideum tomentosum* – Spinnweb-Hauslauch, Donnerwurz
440. ♃ *Sempervivum heuffelii* – Hauslauch, Donnerwurz
441. ♃ *Sempervivum funckii* – Hauslauch, Donnerwurz
442. ♃ *Sempervivum tectorum* – Dachwurz

443. ♃ *Senecio przewalskii* – Greiskraut, Kreuzkraut
444. ♃ *Sidalcea hybrida „Elise Heugh“* – Präriemalve

445. ♃ *Solidago hybrida „Goldschleier"* – Goldrute
446. ♃ *Solidago hybrida „Golden Wings"*
447. ♃ *Solidago hybrida „Perkeo"*

448. ♃ *Stachys grandiflora superba (Betonica)* – Ziest, Hummelsaug
449. ♃ *Stachys lanata* – Wolliger Ziest, Eselsohr
450. ⊙ *Statice sinuata* – Einjähriger Strandflieder, Statize
451. ♃ *Statice latifolia „Violetta“* – Schleierstatize

452. ⊙ *Tagetes patula nana „Goldrand“* – Niedrige Studentenblume
453. ⊙ *Tagetes patula nana „Light Lemon Yellow“*
454. ⊙ *Tagetes erecta plena „Riverside Beauty“* – Hohe Studenten-
455. ⊙ *Tagetes erecta plena „Burpee-Gold“ (Golddollar)* [blume

456. ⊙ *Tagetes patula nana „Marietta"* – Niedrige Studentenblume
457. ⊙ *Tagetes patula nana flore pleno „Harmony"*
458. ⊙ *Tagetes patula nana „Flash"*
459. ⊙ *Tagetes tenuifolia (signata) „Ursula"*

460. ♃ *Thalictrum aquilegifolium* – Wiesenraute
461. ♃ *Thalictrum dipterocarpum* – Chinesische Blütenraute
462. ♃ *Thymus serpyllum splendens* – Schmalblättriger Thymian
463. ♃ *Thymus serpyllum lanuginosus* – Silberthymian

464. ♃ *Tradescantia virginiana* – Dreimasterblume
465. ♃ *Trollius europaeus superbus* – Trollblume
466. ♃ *Trollius hybridus „Orange Globe“*
467. ♃ *Trollius hybridus „Earliest of All“*

468. ⊙ *Tropaeolum majus* – Kapuzinerkresse
469. ⊙ *Tropaeolum majus flore pleno „Goldglanz“* – Gefüllte Kapuzinerkresse
470. ⊙ *Tropaeolum majus nanum* – Zwerg-Kapuzinerkresse
471. ⊙ *Tropaeolum peregrinum (canariense)* – Kleinblumige, gefranste rankende Kapuzinerkresse

472. ♀ *Tulipa fosteriana „Red Emperor"* – Botanische Tulpe
473. ♀ *Tulipa kaufmanniana* – Botanische Tulpe
474. ♀ *Tulipa praestans „Füsilier"* – Mehrstielige botanische Tulpe

475. ♀ *Tulipa hybrida „Ibis“* – Einfache frühe Tulpe
476. ♀ *Tulipa hybrida „Kaiserkrone“*
477. ♀ *Tulipa hybrida „Couleur Cardinal“*
478. ♀ *Tulipa hybrida „Gelber Prinz“*
479. ♀ *Tulipa hybrida „Brilliant Star“*

480. ♀ *Tulipa hybrida „Peach Blossom“* – Gefüllte frühe Tulpe
481. ♀ *Tulipa hybrida „Theeroos“*
482. ♀ *Tulipa hybrida „Orange Nassau“*

483. *Tulipa hybrida „Clara Butt“* – Darwintulpe
484. *Tulipa hybrida „Demeter“*
485. *Tulipa hybrida „Golden Age“*
486. *Tulipa hybrida „Aristokrat“*
487. *Tulipa hybrida „William Pitt“*
488. *Tulipa hybrida „City of Haarlem“* ·

489. *Tulipa hybrida „Scarlet Leader"* – Darwintulpe
490. *Tulipa hybrida „The Bishop"*
491. *Tulipa hybrida „Pride of Zwanenburg"*
492. *Tulipa hybrida „Zwanenburg"*
493. *Tulipa hybrida „Afterglow"*
494. *Tulipa hybrida „La Tulipe Noire"*

495. *Tulipa hybrida „Golden Harvest"* – Cottagetulpe
496. *Tulipa hybrida „Louis XIV."* – Breeder Tulpe
497. *Tulipa hybrida „Princess Margaret Rose"* – Cottagetulpe
498. *Tulipa hybrida „Telescopium"* – Triumphtulpe
499. *Tulipa hybrida „Orange Wonder"* – Cottagetulpe
500. *Tulipa hybrida „Dillenbourg"* – Breeder.Tulpe
501. *Tulipa hybrida „Mona Lucia"* – Triumphtulpe

502. *Tulipa retroflexa hybrida „Captain Fryat“* – Lilienblütige Tulpe

503. *Tulipa hybrida „Mrs. Moon“* – Lilienblütige Cottagetulpe

504. *Tulipa hybrida „Violet Queen“* – Papageitulpe

505. *Tulipa hybrida „Sunshine“* – Papageitulpe

506. *Tulipa hybrida „Red Champion“* – Papageitulpe

507

508

507. ♃ *Verbascum densiflorum, „Pink Domino"* – Königskerze
508. ♃ *Verbascum olympicum* – Kandelaber-Königskerze

509. ⊙ *Verbena hybrida „Defiance"* – Eisenkraut
510. ⊙ *Verbena hybrida „Dunkelblau"*
511. ⊙ *Verbena hybrida candidissima*
512. ⊙ *Verbena rigida (venosa)*
513. ⊙ *Verbena hybrida compacta „Danebrog"* – Zwerg-Verbene

514. ♃ *Veronica incana* – Silber-Ehrenpreis
515. ♃ *Veronica spicata rosea „Erika"* - Rosa Ehrenpreis
516. ♃ *Veronica longifolia* – Langblättriger Ehrenpreis
517. ♃ *Veronica teucrium „Ròyal Blue"* – Breitblättriger Ehrenpreis

518. ♃ *Viola cornuta „Hansa"* – Hornveilchen
519. ♃ *Viola gracilis „Lord Nelson"* – Balkanveilchen
520. ♃ *Viola hybrida „Aurora"* – Hybridveilchen
521. ♃ *Viola hybrida „Jackanapes" (Fatzke)* – Hybridveilchen
522. ♃ *Viola odorata „Königin Charlotte"* – Wohlriechendes [Veilchen

523. ⊙ *Viola tricolor hiemalis „Jupiter“* – Winterblühendes Eis-
524. ⊙ *Viola tricolor hiemalis „Eiskönig“* [Stiefmütterchen
525. ⊙ *Viola tricolor hiemalis „Himmelskönigin“*
526. ⊙ *Viola tricolor hiemalis „Mars“*
527. ⊙ *Viola tricolor hiemalis „Wintersonne“*
528. ⊙ *Viola tricolor hiemalis „Märzzauber“*
529. ⊙ *Viola tricolor max. „Roggli's Riesen“* – Stiefmütterchen

530. ♃ *Viscaria vulgaris „Splendens Plena"* – Gefüllte Pechnelke
531. ♃ *Yucca filamentosa* – Palmlilie

532.–533. ⊙ *Zinnia elegans „Mammut"* – Riesen-Zinnie
534. ⊙ *Zinnia elegans* – Liliput-Zinnie

GEHÖLZE

SCHLINGPFLANZEN

KLETTERPFLANZEN

NADELHÖLZER

Neben den farbigen Abbildungen von Blattformen, Blüten und Früchten der Gehölze geben die dazugehörenden grauen Umrißzeichnungen Höhe und Breite der Sträucher und Bäume an im Verhältnis zum Menschen oder zu einem Haus.

Beispiel für Größe und Wuchsform des Schneeballstrauches

Beispiel für Größe und Wuchsform von Linde und Ulme

535. *Acer campestre* – Feldahorn, Maßholder
536. *Acer negundo variegatum* – Weißbunter Eschenahorn
537. *Acer platanoides* – Spitzblättriger Ahorn
538.–540. *Acer palmatum* – Japanischer Fächerahorn in drei Abarten

541.–542. *Aesculus hippocastanum* – Roßkastanie
543. *Aesculus carnea briotii* – Rotblühende Roßkastanie
544. *Alnus glutinosa* – Roterle, Eller

545. *Aucuba japonica concolor* – Grüne Aukuba
546. *Aucuba japonica variegata* – Weißbunte Aukuba
547. *Amelanchier canadensis* – Kanadische Felsenbirne
548. *Aralia elata* – Freilandaralie, „Des Teufels Krückstock"

549. *Berberis verruculosa* – Immergrüne Kaiserberberitze
550. *Berberis thunbergii* – Japanische Berberitze, Korallenberberitze
551. *Berberis thunbergii atropurpurea* – Japanische Blutberberitze
552. *Berberis aggregata* – Perlberberitze
553. *Berberis candidula* – Silberberberitze
554.–555. *Berberis vulgaris* – Hainberberitze

556. *Betula verrucosa* – Sandbirke
557. *Betula verrucosa tristis* – Hängende Sandbirke

558. *Buddleia davidii „Ile de France"* – Schmetterlingsstrauch
559. *Buxus sempervirens arborescens* – Buchsbaum
560. *Buxus sempervirens rotundifolia* – Großblättriger Buchsbaum

561. *Calluna vulgaris „H. E. Beale"* – Gefüllte Besenheide

562. *Calycanthus floridus* – Erdbeerstrauch, Zimt- oder Gewürzstrauch

563. *Callicarpa giraldiana* – Schönfrucht, Glasbeerenstrauch

564. *Caragana arborescens* – Sibirischer Erbsenstrauch
565.–566. *Carpinus betulus* – Hainbuche, Weißbuche

567.–568. *Castanea sativa* – Edelkastanie, Marone
569.–570. *Catalpa speciosa* – Trompetenbaum

571. *Ceanothus hybridus „Topaze“* – Indigoblaue Säckelblume
572. *Cercidiphyllum japonicum* – Kuchenbaum, Judasblattbaum (zweihäusig)

573. *Chaenomeles lagenaria* – Hohe japanische Rosenquitte
574.–575. *Chaenomeles japonica (Ch. maulei)* – Niedrige japanische Rosenquitte
576. *Cydonia oblonga (vulgaris)* – Fruchttragende Quitte

577. *Cladrastis lutea* – Weißblühender Gelbholzbaum
578. *Colutea arborescens* – Blasenstrauch

579.–581. *Cornus mas* – Goldgelbe Kornelkirsche
582. *Cornus alba sibirica* – Korallenroter sibirischer Hartriegel
583. *Cornus spaethii* – Gelbbunter Hartriegel

584. *Corylopsis spicata pauciflora* – Scheinhasel
585. *Corylus avellana contorta* – Korkzieherhasel
586. *Corylus maxima atropurpurea* – Echte Blut-Lamberthasel
587. *Cotinus coggygria* – Perückenstrauch

588. *Cotoneaster bullata* – Großblättrige Felsenmispel, „Amselbrotbaum"

589. *Cotoneaster dielsiana* – Rosenmispelstrauch

590. *Cotoneaster horizontalis* – Niedrige waagerechte Felsenmispel, Korallenstrauch

591. *Cotoneaster multiflora* – Reichblütige Felsenmispel
592. *Cotoneaster salicifolia floccosa* – Immergrüne weidenblättrige Felsenmispel
593.–594. *Cotoneaster adpressa* – Kriechende Steingartenmispel

595. *Crataegus monogyna* – Heimischer Weißdorn

596.–597. *Crataegus oxyacantha punicea* – Zweigriffliger ungefüllter Rotdorn

598. *Crataegus oxyacantha paulii (Cr. monogyna kermesina plena)* – Gefüllter Rotdorn

599. *Crataegus crus-galli* – Hahnendorn

600. *Cytisus praecox* – Elfenbeinginster
601. *Cytisus purpureus* – Purpurginster, roter Geißklee
602. *Cytisus kewensis* – Zwergelfenbeinginster
603. *Cytisus scoparius* – Heimischer Besenginster, Bram, Brambusch

604.–605. *Daphne mezereum* – Seidelbast
606. *Davidia involucrata* – Taubenbaum

607. *Deutzia gracilis rosea* – Niedrige Brautdeutzie
608. *Deutzia hybrida „Mont Rose“* – Höhere Rosendeutzie

609. *Enkianthus campanulatus* – Prachtglocke, Maiglöckchenstrauch
610. *Elaeagnus argentea (commutata)* – Silberölweide

611. *Evonymus europaea* – Pfaffenhut, Spindelbaum
612. *Evonymus radicans vegeta* – Immergrüner japanischer Spindelbusch
613. *Evonymus radicans* – Kriechender Spindelbusch
614. *Erica vagans* – Herbstheide
615. *Erica carnea* – Schneeheide, Frühjahrsheide

616. *Fagus silvatica* – Rotbuche
617. *Fagus silvatica atropurpurea macrophylla* – Blutbuche
618. *Fagus silvatica laciniata* – Schlitzblattbuche

619. *Ficus carica* – Feigenbaum
620.–621. *Forsythia intermedia spectabilis* – Goldglöckchen, Forsythie

622.–625. *Fraxinus excelsior* – Gemeine Esche

626. *Fuchsia magellanica und Fuchsia riccartoni* – Freilandfuchsie
627. *Genista tinctoria* – Färberginster

628. *Ginkgo biloba* – Fächerblattbaum, Tempelbaum
629. *Gleditschia triacanthos* – Christusdorn, Gleditschie

630. *Halesia carolina* – Schneeglöckchenbaum, Silberglocke
631.–632. *Hamamelis japonica zuccariniana* – Zaubernuß

633.–634. *Helianthemum hybridum polifolium roseum* – Sonnenröschen
635. *Helianthemum hybridum „Golden Queen“* – Sonnenröschen
636. *Hibiscus syriacus-Hybriden* – Eibisch, Syrische Rose

637. *Hippophae rhamnoides* – Sanddorn
638. *Holodiscus discolor ariaefolius* – Scheinspiere

639. *Hydrangea arborescens grandiflora* – Hortensie
640. *Hydrangea macrophylla „Bouquet Rose“* – Hortensie
641. *Hydrangea paniculata grandiflora* – Rispenhortensie, Sommerflieder

642. *Hypericum calycinum* – Rose von Charon
643. *Hypericum patulum forestii* – Johanniskraut

644. *Ilex pernyi* – Chinesische Hülse
645. *Ilex aquifolium* – Heimische Stechpalme, Hülse
646. *Indigofera gerardiana* – Indigostrauch

647.–648. *Juglans regia* – Walnuß

649. *Kerria japonica pleniflora* – Gefülltblühender Ranunkelstrauch
650. *Kalmia latifolia* – Lorbeerrose, Kalmie

651. *Kolkwitzia amabilis* – Kolkwitzie
652. *Laburnocytisus adami* – Pfropfbastard: Goldregen + Geißklee

653.–654. *Laburnum alpinum* – Alpengoldregen
655. *Lavandula officinalis* – Lavendel

656. *Ligustrum vulgare* – Gemeine Rainweide
657. *Ligustrum ovalifolium* – Wintergrüner Liguster
658. *Ligustrum vulgare atrovirens* – Immergrüner Liguster

659.–661. *Liriodendron tulipifera* – Tulpenbaum

662.–663. *Lonicera maackii* – Korea-Heckenkirsche
664.–665. *Lonicera pileata* – Immergrüne Heckenkirsche
666. *Lonicera nitida* – Myrtenblättrige immergrüne Heckenkirsche

667. *Lonicera syringantha wolfii* – Heckenkirsche
668. *Lonicera tatarica* – Tatarische Heckenkirsche

669. *Lycium halimifolium* – Bocksdorn
670. *Magnolia tripetala* – Regenschirmmagnolie

671. *Magnolia parviflora (sieboldii)* – Sommermagnolie
672. *Magnolia soulangeana* – Seerosenmagnolie
673. *Magnolia stellata* – Sternmagnolie

674.–676. *Mahonia aquifolium* – Mahonie, Fiederberberitze
677.–678. *Malus floribunda* – Zierapfel, Kirschapfel

679.–680. *Malus pumila „John Downie"* – Zier- oder Kirschapfel
681. *Malus hillieri* – Zier- oder Kirschapfel

682.–683. *Malus purpurea eleyı* – Blut- oder Purpurapfel
684.–685. *Malus scheideckeri* – Goldapfel

686. *Mespilus germanica* – Mispel
687. *Morus nigra* – Schwarzfrüchtiger Maulbeerbaum

688. *Pernettya mucronata* – Torfmyrte, Perlmyrte
689. *Paeonia suffruticosa (arborea)* – Baumpfingstrose, Pfingstrose

690.–691. *Pieris japonica (Andromeda japonica)* – Lavendelheide
692. *Philadelphus coronarius* – Falscher Jasmin, Pfeifenstrauch
693. *Philadelphus virginalis* – Falscher Jasmin, gefüllt

694.–696. *Platanus acerifolia* – Platane

697. *Populus alba* – Silberpappel
698. *Populus canescens* – Graupappel
699. *Populus berolinensis* – Berliner Lorbeerpappel

700. *Populus lasiocarpa* – Großblattpappel
701. *Populus nigra pyramidalis* – Italienische Pyramidenpappel
702. *Populus tremula* – Zitterpappel, Espe, Aspe

703. *Potentilla fruticosa* – Gelber Fingerstrauch
704. *Potentilla fruticosa farreri* – Gelber Fingerstrauch
705. *Potentilla fruticosa veitchii* – Weißer Fingerstrauch

706. *Prunus amygdalus* – Echte Mandel
707. *Prunus avium plena* – Gefüllte Vogelkirsche
708. *Prunus cerasifera pissardii nigra* – Blutpflaume

709. *Prunus laurocerasus* – Kirschlorbeer, Lorbeerkirsche
710. *Prunus padus* – Gemeine Traubenkirsche, Ahlkirsche, Faulbaum
711.–712. *Prunus spinosa* – Schlehdorn
713. *Prunus tennella* – Zwergmandel

714. *Prunus serrulata „Hisakura“ (Kanzan)* – Japanische Blütenkirsche

715. *Prunus serrulata „Amanogawa“* – Japanische Blütenkirsche

716. *Prunus serrulata „Mount Fuji“* – Japanische Blütenkirsche

717. *Prunus subhirtella* – Japanische Bergkirsche
718. *Prunus triloba plena* – Mandelbäumchen

719. *Pterocarya fraxinifolia* – Kaukasische Flügelnuß
720. *Ptelea trifoliata* – Hopfenstrauch, Lederblume, Kleeulme

721.–722. *Pyracantha coccinea* – Feuerdorn

723.–724. *Quercus rubra (Q. borealis maxima)* – Amerikanische Eiche, Roteiche

725. *Quercus pedunculata (Q. robur)* – Stieleiche, Deutsche Eiche

726. *Rhamnus frangula* – Faulbaum, Pulverholz
727. *Rhododendron catawbiense grandiflorum* – Rhododendron, Alpenrose

728. *Rhododendron hybridum „Parsons Gloriosum“* – Rhododendron
729. *Rhododendron hybridum „Caractacus“* – Rhododendron
730. *Rhododendron hybridum „Pink Pearl“* – Rhododendron

731. *Rhododendron hybridum „Catharina van Tol"* – Rhododendron
732. *Rhododendron ferrugineum* – Echte Alpenrose
733. *Rhodendron hybridum „Mrs. P. den Ouden"* – Rhododendron

734. *Rhododendron kosterianum (Azalea mollis-hybrida)* – Großblumige Azaleen-Hybride
735. *Rhododendron gandavense (Azalea pontica hybrida)* – Pontische Azaleen-Hybride
736. *Rhododendron praecox* – Vorfrühlingsalpenrose
737. *Rhododendron schlippenbachii* – Korea-Azalee

738. *Rhus typhina laciniata* – Schlitzblatt-Sumach, Essigbaum
739.–740. *Rhus typhina* – Sumach, Essigbaum

741.–742. *Ribes sanguineum* – Blutjohannisbeere
743. *Ribes alpinum* – Alpenjohannisbeere
744. *Ribes aureum* – Goldjohannisbeere

745. *Robinia pseudacacia decaisneana* – Rosa Robinie

746. *Rosa canina* – Hundsrose
747. *Rosa carolina* – Amerikanische Hundsrose
748. *Rosa canina von Kiese* – Hundsrose mit Früchten
749. *Rosa foetida* – Persische Goldrose
750.–751. *Rosa moyesii* – Tibetanische Bergrose

752. *Rosa hugonis* – Frühe chinesische Goldrose
753. *Rosa omeiensis* – Feuerstachelrose
754. *Rosa omeiensis pteracantha* – Feuerstachelrose

755.–756. *Rosa rugosa* – Japanische Apfelrose, Kartoffelrose
757. *Rosa rubiginosa (eglanteria)* – Schottische Zaunrose

758. *Rosa spinosissima* – Bibernellrose
759.–760. *Rosa blanda* – Labradorrose

761. *Rosa centifolia muscosa* – Moosrose, Zentifolie
762. *Rosa bourbonica „Coupe d'Hebe"* – Bourbonrose

763. „*General Jaqueminot*“ – Remontantrose
764. „*Mrs. John Laing*“
765. „*Frau Karl Druschki*“
766. „*Charles Bonnet*“

767. „*Geheimrat Duisberg*“ – Edelrose
768. „*New Yorker*“

769. „*Betty Uprichard*“ – Edelrose
770. „*Dainty Bess*“
771. „*Dame Edith Helen*“
772. „*Michèle Meilland*“
773. „*Eclipse*“

774.–775. „*Gloria Dei*“ – Edelrose
776. „*Picture*“
777. „*Spek's Yellow*“
778. „*Talisman*“

779. „*Sondermeldung*“ – Edelrose
780. „*Crimson Glory*“
781. „*Edith Nellie Perkins*“
782. „*Elite*“

783. „*Mme. L. Dieudonné*“ – Edelrose
784. „*Mme. Caroline Testout*“
785. „*Mrs. Pierre S. du Pont*“
786. „*Ophelia*“

787. „*Alain*“ – Polyantharose
788. „*Frensham*“
789. „*Ellen Poulsen*“
790. „*Schleswig*“
791. „*Fashion*“

792. „*Goldilocks*" – Polyantharose
793. „*Gruß an Aachen*"
794. „*Baron de Vivario*"
795. „*Holstein*"

796. „*Margo Koster*“ – Polyantharose
797. „*Dick Koster*“
798. „*Orange Triumph*“
799. „*Gelbe Holstein*“
800. „*Poulsens Pink*“
801. „*Josef Guy*“

802. „*American Pillar*“ – Kletterrose
803. „*Dorothy Perkins*“
804. „*Pauls Scarlet Climber*“
805. „*Easlea's Golden Rambler*“

806. „*Excelsa*“ – Kletterrose
807. „*Gloire de Dijon*“
808. „*New Dawn*“

809. *Salix alba vitellina pendula* – Trauergoldweide
810. *Salix daphnoides pomeranica mas* – Reifweide, Pommerweide
811. *Salix viminalis* – Korbweide
812. *Salix caprea mas* – Männliche Salweide, echte Salweide

813. *Sambucus nigra* – Schwarzer Holunder, großfrüchtige Fliederbeere
814. *Sambucus racemosa* – Traubenholunder, Bergholunder
815. *Sambucus canadensis maxima* – Kanadaholunder

816. *Sorbaria arborea glabrata* – Ebereschenspiere, Fiederspiere
817. *Sinarundinaria nitida (Bambusa nitida, Arundinaria nitida)* – Cham-Bambus, Halbrohr

818.–819. *Sorbus aucuparia* – Eberesche, Vogelbeerbaum
820. *Sorbus suecica (intermedia)* – Schwedische Mehlbeere, Oxelbeere

821. *Spiraea arguta* – Silberspiere
822. *Spiraea bumalda „Anthony Waterer"* – Rosenspiere
823. *Spiraea vanhouttei* – Weißer Spierstrauch

824. *Stephanandra incisa* – Kranzspiere
825. *Symphoricarpus racemosus* – Schneebeere
826.–827. *Symphoricarpus chenaultii* – Korallenbeere

828. *Syringa chinensis* – Chinesischer Flieder, Königsflieder
829. *Syringa reflexa* – Bogenflieder
830. *Syringa tomentella* – Brautflieder

831. *Syringa vulgaris „Andenken an Ludwig Späth“* – Edelflieder
832. *Syringa vulgaris „Mme. Lemoine“*
833. *Syringa vulgaris „Michel Buchner“*

834

835

834-835

834.–835. *Tamarix pentandra* – Tamariske, Uferheide

836. *Tilia platyphyllos* – Großblättrige Linde
837.–838. *Ulmus glabra* – Ulme, Bergrüster

839. *Viburnum carkesii* – Schneeball
840. *Viburnum fragans* – Vorfrühlingsschneeball
841.–842. *Viburnum lanata* – Wolliger Schneeball

843. *Viburnum opulus sterile* – Gefüllter Schneeball

844. *Viburnum rhytidophyllum* – Immergrüner chinesischer Schneeball

845. *Viscum album* – Mistel

846. *Vinca major* – Großes Immergrün, Sinngrün
847. *Vinca minor* – Kleinblättriges Immergrün, Sinngrün
848. *Vinca major foliis variegatis* – Buntblättriges Immergrün

849. *Weigelia „Abel Carriere"* – Weigelie
850. *Weigelia candida*
851. *Weigelia „Fleur de Mai"*
852. *Weigelia „Styriaca"*

853. *Actinidia kolomikta* – Strahlengriffel
854. *Aristolochia durior (sipho)* – Pfeifenwinde

855. *Celastrus orbiculata* – Baumwürger
856. *Campsis radicans* – Trompetenblume
857. *Clematis montana rubens* – Bergwaldrebe

858. *Clematis hybrida „Comtesse du Bouchard"* – Großblumige Clematis-Hybride
859. *Clematis hybrida „jackmanii"*
860. *Clematis hybrida „Lazurstern"*
861. *Clematis hybrida „Nelly Moser"*
862. *Clematis hybrida „The President"*

863.–864. *Clematis tangutica* – Mongolenrebe, Goldclematis
865. *Clematis vitalba* – Heimische Waldrebe
866. *Clematis viticella kermesina* – Rote italienische Waldrebe

867. *Hedera helix* – Gemeiner kleinblättriger Efeu
868. *Hedera helix arborescens* – Strauch-Efeu
869. *Hedera helix hibernica* – Irländischer großblättriger Efeu
870. *Hedera colchica arborescens* – Efeu-Altersform

871. *Hydrangea petiolaris* – Kletterhortensie
872. *Jasminum nudiflorum* – Echter Jasmin

873. *Lonicera heckrottii* – Geißblatt, Jelängerjelieber
874. *Lonicera caprifolium*
875.–876. *Lonicera henryi*
877. *Lonicera tellmanniana*

878. *Parthenocissus tricuspidata veitchii* – Selbstklimmer, Wilder Wein
879. *Parthenocissus quinquefolia* – Wilder Wein

880. *Polygonum aubertii* – Knöterich
881. *Wisteria sinensis* – Glyzine, Blauregen
882. *Rubus henryi* – Rankende immergrüne Brombeere

883. *Vitis vinifera* – Echter Wein
884. *Vitis vinifera „Früher Mallinger"*
885. *Vitis vinifera „Blauer Burgunder"*

886.–887. *Abies concolor* – Grautanne, Koloradotanne
888. *Abies cephalonica* – Griechische Edeltanne
889. *Abies homolepis* – Nikkotanne

890.–891. *Abies nobilis glauca* – Silbertanne
892. *Abies pinsapo* – Spanische Edeltanne
893. *Abies alba* – Weißtanne

894. *Cedrus deodara* – Himalajazeder
895. *Cedrus atlantica glauca* – Blaue Atlaszeder

896. *Chamaecyparis lawsoniana* – Lebensbaumzypresse
897. *Chamaecyparis lawsoniana wisselii*
898. *Chamaecyparis lawsoniana alumii*

899. *Chamaecyparis nootkatensis* – Nutka-Scheinzypresse
900. *Chamaecyparis nootkatensis pendula* – Nutka-Hänge-Scheinzypresse

901. *Chamaecyparis obtusa* – Japanische Scheinzypresse, Feuerzypresse, Hinoki-Scheinzypresse

902. *Chamaecyparis obtusa nana gracilis* – Zierliche japanische Zwerg-Scheinzypresse

903. *Chamaecyparis pisifera plumosa* – Federzypresse
904. *Chamaecyparis pisifera filifera* – Fadenzypresse
905. *Chamaecyparis pisifera squarrosa* – Blauscheinzypresse

906.–907. *Cryptomeria japonica lobbii* – Sicheltanne
908. *Cryptomeria japonica elegans* – Sicheltanne

909. *Juniperus chinensis pfitzeriana* – Chinesischer Wacholder
910. *Juniperus communis hibernica* – Säulenwacholder
911.–912. *Juniperus communis suecica* – Schwedischer Säulenwacholder
913. *Juniperus horizontalis (prostrata)* – Kriechwacholder

914. *Juniperus chinensis procumbens (Junip. chin. plumosa, Junip. japonica)* – Chinesischer Wacholder
915. *Juniperus sabina tamariscifolia* – Tamariskenwacholder
916. *Juniperus squamata meyeri* – Blauzeder-Wacholder
917. *Juniperus virginiana glauca* – Blauer Virginischer Wacholder

918.–919. *Larix decidua (europaea)* – Europäische Lärche
920. *Larix leptolepis* – Japanische Lärche

921.–922. *Picea glauca* – Weißfichte
923.–924. *Picea abies (excelsa)* – Fichte, Rottanne, Deutscher Weihnachtsbaum
925. *Picea glauca conica* – Zuckerhutfichte

926. *Picea pungens glauca* – Blaufichte, blaue Stechfichte
927.–928. *Picea omorika* – Serbische Säulenfichte
929.–930. *Picea sitchensis* – Sitkafichte

931.–932. *Pinus cembra* – Zirbelkiefer, Arve
933.–934. *Pinus contorta* – Drehnadelkiefer

935. *Pinus montana mughus* – Mughuskiefer, niedrige Bergkiefer
936.–937. *Pinus nigra austriaca* – Schwarzkiefer
938. *Pinus parviflora* – Mädchenkiefer

939. *Pinus peuce* – Rumelische Weymouthskiefer
940. *Pinus silvestris* – Kiefer, Föhre (Forche)
941.–942. *Pinus strobus* – Weymouthskiefer

943.–944. *Pseudotsuga taxifolia* – Küstendouglasie
945. *Sciadopitys verticillata* – Japanische Schirmtanne

946.–947. *Sequoia gigantea* – Mammutbaum
948. *Taxodium distichum* – Sumpfzypresse

949. *Taxus baccata* – Heimische Eibe
950. *Taxus baccata fastigiata* – Irländische Säuleneibe
951. *Taxus baccata aurea* – Goldeibe

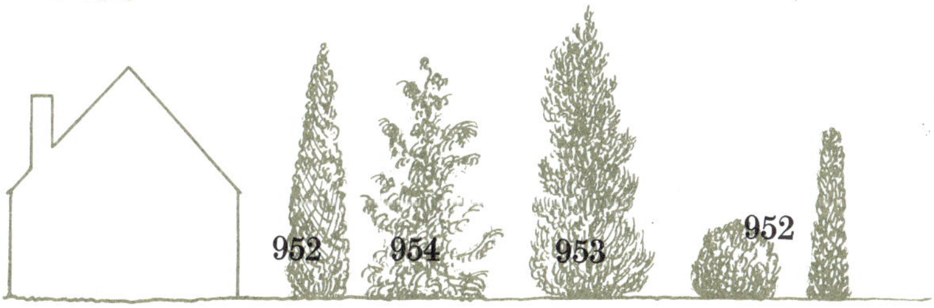

952. *Thuja occidentalis* – Abendländischer Lebensbaum
953. *Thuja plicata (gigantea)* – Riesenlebensbaum
954. *Thuja standishii* – Japanischer Lebensbaum

955. *Thujopsis dolabrata* – Hibalebensbaum
956. *Tsuga heterophylla* – Westamerikanische Hemlockstanne
957. *Tsuga canadensis* – Kanadische Hemlockstanne

ERLÄUTERUNGEN ZU DEN ABBILDUNGEN

1. Achillea filipendulina „Parkers Varietät", *Gelbe Schafgarbe (Korbblütler)*
♃ ☼ ▭ ✂
Prachtvolle Sommerstaude für trockenen Standort im Naturgarten. Aber auch im Staudenbeet auf gutem Gartenboden in Gesellschaft mit Achillea ptarmica, Erigeron-Sorten (Nr. 209 bis 212), Echinops (Nr. 204). Blüte hält sehr lange und kann auch für Trockensträuße verwendet werden. Höhe 100–120 cm, Blüte 7/9, 3–5/qm.

2. Achillea millefolium „Cerise Queen", *Rote Schafgarbe*
Kulturbedingungen wie bei allen Schafgarben. Sehr gute Schnittstaude. Wird durch starkes Wachstum (Ausläufer) den Nachbarpflanzen oft lästig, muß daher immer kurz gehalten werden. Höhe 60–70 cm, Blüte 7/8.

3. Adonis vernalis, *Adonisröschen (Hahnenfußgewächse)* ♃ ☼–◑
Adonis vernalis und Adonis amurensis sind die hauptsächlichen Vertreter in den Gärten. Bei uns heimisch auf Kalk-Gipsböden und Sanden. Reizende Vorfrühlings- bis Frühlingsstaude. Blüten vor dem Laubaustrieb. Brauchen mehrere Jahre, um üppige Pflanzen zu ergeben. Vermehrung durch Teilen oder Aussaat sofort nach der Samenreife. Höhe 20–30 cm, Blüte 3/4.

4. Aconitum napellus „Sparks Varietät", *Blauer Eisenhut, Venuswagen, Sturmhut (Hahnenfußgewächse)* ♃ ☼–◑ ▭ ✂
Bekannte Gartenstaude mit Wildcharakter. Liebt kühlen, feuchteren Waldboden, halbschattig. In Trupps in natürlicher Pflanzung mit Aruncus (Nr. 35), Cimicifuga (Nr. 125–126), Waldglockenblumen. Im Staudenbeet wesentlicher Farbträger dunkelblau, nach Ritterspornblüte. Sehr stattlich Aconitum wilsonii „Barkers Varietät" 150–200 cm hoch. Interessante gelbe Wildstaude (Pyrenäen) die Wolfsblume, Ac. lycoctonum. Alle Aconitum sind Giftpflanzen! Höhe 120–150 cm, Blüte 7/9, 1–3/qm. Vermehrung durch Teilen der knolligen Wurzelstöcke.

5. Ajuga reptans, *Kriechender Günsel (Lippenblütler)* ♃ ☼–●
Bodenbedeckende Waldstaude mit metallisch glänzendem dunkelrotem Laub, lilablauen Blütenrispen. Liebt Schatten und humusreichen, lockeren Gartenboden, gedeiht auch in lichtem Halbschatten. Vermehrung durch Teilen der überall bewurzelten kriechenden Stengel. Höhe 10 cm, Blüte 4/5.

6. Ageratum houstonianum (mexicanum), *Leberbalsam (Korbblütler)* ⊙ ||
Eine der erfreulichsten niedrigen Sommerblumen für Beeteinfassungen oder auch für farbenfrohe Blumenbeete. Unermüdlicher Blüher bis zum Frost. Hitzebeständig und an jedem Platz im Garten dankbar. Höhe 10–20 cm. Pflanzen beim Gärtner kaufen!

7. Alyssum maritimum, *Steinkraut (Kreuzblütler)*
⊙ ❧ △ ||
Sorten „Königsteppich" tief violett, „Schneeteppich" weißer Rasen. Direkte Aussaat ins Freie ab März oder Vorkultur im kalten Kasten. Bei Freilandaussaat später etwas ausdünnen. Anwendung: Steingarten, Beetkanten oder vorne im Som-

merblumen- oder auch Staudenbeet. Höhe 10 cm. Rückschnitt nach der Hauptblüte bringt reichen Nachflor.

8. Alyssum saxatile compactum
Leuchtend gelbe, silbergraue Steingartenstaude. Zusammen mit Blaukissen (Nr. 52–57) und Gänsekresse (Nr. 29) buntfarbige Frühlingsbilder. Durch Stecklinge oder bedingt durch Teilung zu vermehren. Höhe 30 cm, Blüte 4/6, 5–10/qm.

9. Alisma plantago aquatica, *Froschlöffel (Froschlöffelgewächse)* ♃ ≈
Dekorative heimische Sumpfstaude für feuchte Teichränder oder für flaches Wasser (5–20 cm) in Wasserbecken. Einmal angepflanzt, sät sich der Froschlöffel immer wieder selbst aus. Höhe 40–80 cm.

10. Althaea rosea, *Stockrose (Malvengewächse)* ⊙ ♃ ☼ ✂
Verlangt gute Gartenerde und volle Sonne, um ihre Blütenschäfte richtig auszubilden. Prachtvolles Gewächs vor Hausmauern und im Staudenbeet. Höhe 200–300 cm, Blüte 6/8.

11. Althaea rosea „Chaters-Malven“
Gefüllte Stockrosen in bunten Farben.

12. Anchusa italica, *Blaue Ochsenzunge (Borretschgewächse)*
☼–◑ ▭ ≈ 🐝
Mittelmeerstaude, am schönsten in der enzianblauen Sorte „Dropmore“. Leider empfindlich gegen manche Winter. Höhe 150 cm, Blüte 5/6, 2–3/qm.

13. Anchusa myosotidiflora (Brunnera myosotidiflora), *sog. Kaukasusvergißmeinnicht*
Liebt feuchten humosen Boden. Sonne bis Halbschatten. Steht ausgezeichnet zu Doronicum (Nr. 202) und Dicentra (Nr. 197). Höhe 40–60 cm, Blüte 5/7, 6–8/qm.

14. Anemone blanda, *Balkananemone, Windröschen (Hahnenfußgewächse)* ☼–◑
Himmelblauer Frühlingsblüher. Blüte doppelt so groß wie die des Buschwindröschens. Pflanze nicht ganz winterhart. Liebt lockeren Waldhumusboden. Wird durch Teilung vermehrt. Höhe 10–15 cm, Blüte 4/5, 20/qm.

15. Anemone coronaria „de Caen“, *Anemone, Ranunkel*
Die kleinen Knollen werden im Frühjahr am besten in etwas sandige Erde gelegt, wo sie bald austreiben. Höhe 30 cm, Blüte 5/6.

16.–17. Anemone hupehensis, *Herbstanemone*
„Königin Charlotte“, „Septembercharme“ u. ä. gute Sorten dieser Herbststaude verlangen einen lockeren, humusreichen Gartenboden im Halbschatten. Winterschutz durch Torfmull-Laubdecke stets angebracht. Höhe 60–80 cm, Blüte 8/10, 6/qm.

18. Anthemis tinctoria „Kelwayi“, *Färberkamille (Korbblütler)*
☼ △ ✂ ▭
Goldgelbe Blütenstaude, die am ausdauerndsten auf gut drainiertem kalkhaltigem Boden gedeiht. Rückschnitt nach der Hauptblüte fördert eine reiche Nachblüte. Höhe 50–70 cm, Blüte 5/8, 6–8/qm.

19.–24. Antirrhinum majus, *Löwenmaul (Rachenblütler)* ⊙–⊙
„Golden Dawn“, „Royal Cerise“, „Purple Eclipse“, „Wilken“, „Golden Queen“, „Defiance“ in unzähligen Sorten und Rassen zu erhalten. Eine der beliebtesten Sommerblumen. Frühjahrs- oder Herbstaussaat (leichter Winterschutz!). Nach dem Auflaufen stark verdünnen oder vorgezogene Pflanzen kaufen. Löwenmaul läßt sich bis kurz vor der Blüte noch leicht umpflanzen. Daher ausgezeichnete „Füllpflanze“ für entstandene Lücken in der Pflanzung. Höhe 20–50 cm, 20/qm.

25.–28. Aquilegia, *Akelei (Hahnenfußgewächse)* ♃ ☼–◑ ▭ ✂
A. coerulea hybrida (haylodgensis), Langspornakelei in vielen feinen Pastellfarben, und ihre Sorten: „Rosa Königin" (Nr. 27), A. helenae (Nr. 26), blau-weiß und kurzgespornt, A. skinneri, leuchtend rot, mit langen Sporen. Alle Akeleistauden brauchen einen humosen Gartenboden. Vorzüglich in Naturgartenpartien. Schön im Staudenbeet. Hervorragende Schnittblume. Höhe 50–70 cm, Blüte 5/7, 5/qm.

29. Arabis albida, *Gänsekresse (Kreuzblütler)* ♃ ☼ △ || 🐝
Einfach blühend, weiß. Liebt kalkreichen, mageren Boden, volle Sonne. Vermehrung aus Stecklingen oder Teilung August–September. Höhe 20 cm, Blüte 3/5, 10/qm.

30. Arabis albida flore pleno, *Gänsekresse, dichtgefüllt*

31. Arabis albida „Rosabella", *Rosa Gänsekresse*

32. Armeria maritima, *Grasnelke (Bleiwurzgewächse)* ♃ ☼ △ ||
Horste bildende Polsterstaude für trockene Sandböden und volle Sonne. Höhe 10–15 cm, Blüte 5/6, 10/qm.

33. Arum italicum, *Gefleckter Aronstab (Aronstabgewächse)*
♃ ◑–● ≈
Waldschattenpflanze auf feuchtem Humusboden. Im naturhaften Garten oder feucht, absonnig im Steingarten. Rote Beeren giftig! Teilung des knolligen Wurzelstockes im September und Einsetzen der Teilungsstücke in 6 cm Tiefe. Höhe 15 cm, Blüte 5/6.

34. Artemisia lactiflora, *Duftraute, Beifuß (Korbblütler)*
♃ ☼ ✂ ▭
Hohe Blütenstaude, die leider zu selten angepflanzt wird, im Verein mit Herbstanemonen oder anderen Herbstblühern stets erfreulich. Braucht tiefgründigen Gartenboden. Höhe 150–200 cm, Blüte 9/10.

35. Aruncus silvester, *Geißbart (Rosengewächse)* ♃ ☼–◑ ⊥ ≈ ▭
Bekannte ungezüchtete Gartenstaude aus der freien Wildbahn. Prachtvoll im Schmuck der cremeweißen Rispen, sowohl in Einzelstellung, als auch inmitten der anderen Blütenpflanzen im Staudenbeet. Wird durch Teilung des Wurzelstockes vermehrt. Liebt humusreichen, feuchten Garten- oder Waldboden. Höhe 200 cm, Blüte 6/7.

36.–45. Aster, *Frühlings-, Sommer- und Herbstaster (Korbblütler)*
♃ ☼ ⊥ ▭ △ ✂ 🐝
Lockerer humoser Gartenboden, vollsonnig. Teilung im Frühjahr, Höhe 50–60 cm, Blüte 7/8.
Alle Staudenastern wollen einen guten, nahrhaften Gartenboden. Da sie z. T. stark mit Ausläufern wuchern, gebe man diesen Arten und Sorten viel Platz. Alle Astern eignen sich im Garten zur Bepflanzung naturhafter Gartenpartien, gemeinsam mit Birken, Kiefern, Gräsern, aber auch im Steingarten sind sie unentbehrlich.

36. Aster amellus „Oktoberkind", *Virgilaster*
Blüte 9/10, 5/qm.

37. Aster amellus „Mrs. Ralph Wood", *Virgilaster*

38. Aster acris nanus sedifolius, *Spätsommeraster*
Blüte 8/9.

39. Aster frikartii „Wunder von Stäfa", *Spätsommeraster*
Himmelblau, orangegelbe Mitte, sehr dankbare Blütenstaude. Höhe 80 cm, Blüte 8/9, 5/qm.

40. Aster amellus „Kobold", *Virgilaster*
Höhe 40 cm, Blüte 8/9, 5/qm.

41. Aster ericoides, *Herbstmyrten-Aster, Erika-Aster*
Mit vielen feinstrahligen Blütchen

übersät. Höhe 100 cm, breitbuschig, Blüte 8/9, 3/qm.

42. Aster novi-belgii „Royal Blue", *Herbstaster*
Höhe 120–140 cm, Blüte 8/10, 1/qm.

43. Aster alpinus subcoeruleus „Sternschnuppe", *Alpenaster*
Höhe 40 cm, Blüte 5/6, 5/qm.

44. Aster novi-belgii „Beechwood Challenger", *Herbstaster*
Höhe 120–140 cm, Blüte 9/10, 1/qm.

45. Aster novi-belgii „Elisabeth Bright", *Sternaster*
Halbgefüllt, Höhe 80–100 cm, Blüte 9/10, 1–3 /qm.

46.–50. Astilbe, *Prachtspiere (Steinbrechgewächse)* ♃ ☼–◑ ≈ ▭ ✂
Unentbehrliche Blütenstaude für halbschattige, feucht-humose Garteteile oder für Uferpartien. Verdient ihren Platz aber genauso gut auf der Staudenrabatte. Man halte Astilben vom Geißbart, der Aruncus-Staude (Nr. 35), etwas fern, da beide, zu nah benachbart, leicht Mißakkorde abgeben.

46. Astilbe arendsii hybrida „Bergkristall"
Schneeweiß, Höhe 70–100 cm, Blüte 6/8.

47. Astilbe arendsii hybrida „Fanal"
Granatrote Rispen, Höhe 50–70 cm, Blüte 7/8.

48. Astilbe arendsii hybrida „Finale"
Federartige Rispen, herzhaft-rosa, Höhe 50–60 cm, Blüte 7/8, 7/qm.

49. Astilbe arendsii hybrida „Gloria"
Tiefrosa, Höhe 50 cm.

50. Astilbe arendsii hybrida „Lachskönigin"
Höhe 50–70 cm, Blüte 7/8.

51. Astrantia major, *Sterndolde (Doldenblütler)* ♃ ☼–◑ ▭ ≈ ✂
Verlangt guten nahrhaften Gartenboden, liebt Halbschatten und gedeiht dann zu einer mittelhohen Blütenstaude entweder im Staudenbeet oder in freier Pflanzung. Höhe 60–80 cm, Blüte 7/8.

52.–57. Aubrietia deltoidea, *Blaukissen (Kreuzblütler)* ♃ ☼ △ ▭ ❀ ||
Blaukissen lieben kalkhaltigen, gut durchlässigen Gartenboden, der aber doch nahrhaft sein muß. Wenn die Polster im Blühen nachzulassen beginnen, werden sie im Spätsommer geteilt und auf neue, gute Erde gepflanzt. Für Steinmauern, Steingärten, Wegkanten.

52. Aubrietia deltoidea tauricola
Höhe 10–15 cm, Blüte 4/5, 10/qm.

53. Aubrietia deltoidea „Moerheimii"
Zartrosa.

54. Aubrietia deltoidea „Dr. Mules"
Leuchtend violettblau, Höhe 15 cm.

55. Aubrietia deltoidea „Purpurteppich"
Dunkelviolett, Höhe 15 cm.

56. Aubrietia deltoidea „Blue Emperor"
Dunkelviolettblau, Höhe 15 cm

57. Aubrietia deltoidea „Lavender"
Lavendelblau, Höhe 15 cm.

58.–61. Begonia semperflorens, *Sommerbegonie (Schiefblattgewächse)* ⊙ ☼–◑ || ▭
Begonia semperflorens „Rote Perle", „Primadonna", „Tausendschön", „Schneeweißchen" sowie viele andere Sorten. Ausgezeichnete Pflanze für Beet- oder Wegekante im Sommerblumengarten, unermüdlich blühend. Vermehrung durch Aussaat in den Gärtnereien, von wo die fertigen Jungpflanzen nach der Maimitte bezogen werden. Eigene Anzucht ist für den Laien zu kompliziert und bei der frühen Aussaat im dunklen Zimmer auch

kaum möglich. Aus dem Staudenbeet halte man klüglich die dort etwas starr wirkenden Begonien heraus. Höhe 20–30 cm, Blüte 6/10 (wenn nicht vorher Nachtfrost!), 12–15/qm.

62.–65. Begonia tuberhybrida multiflora, *Kleinblumige, vielblütige Knollenbegonie* ⚘

Ungeheuer reichblühende Knollenpflanzen in den verschiedensten bunten Sorten. Sehr geeignet für das Sommerblumenbeet, zwischen Ageratum (Nr. 6) und ähnlichen leuchtend blauen Flächen, z. B. Mannertreu (Nr. 296). Aber auch sehr begehrt für Balkon- und Grabschmuck, da ein so pausenloses Blühen nur von wenigen anderen Pflanzen in der gleichen Menge erreicht wird. Die Knollen am besten schon ab März im Zimmer in Schalen oder Handkästen mit sandigem Torfmull flach eindrücken und warm und feucht halten. So können wir nach den Maifrösten bereits kräftig durchgetriebene Knollenbegonien auspflanzen. Knollen nach dem Herausnehmen im Herbst kühl und trocken lagern, bis sie im Frühjahr wieder ab Februar–März in den feuchten Torfmull gesteckt werden. Höhe 25–40 cm, Blüte 6/10.

62. Begonia tuberhybrida multiflora „Flamboyant"

63. Begonia tuberhybrida multiflora „Frau Helene Harms"

64. Begonia tuberhybrida gigantea *Einfache und gefüllte großblumige Knollenbegonie.*

Höhe 30–40 cm, Blüte 6/10.

65. Begonia tuberhybrida multiflora „Mme. Oscar Lamarck"

Reichblühend und sehr dankbar. Bei dieser Sorte lassen sich die Knollen durch einen scharfen Schnitt teilen und rasch vermehren. Schnittstellen gegen Fäulnis mit Holzkohlepulver einstreuen. Höhe 30–40 cm.

66.–68. Bellis perennis, *Tausendschön, Marienblume (Korbblütler)* ⊙–♃ ☼

Pflanze mit zweijähriger Kultur. Aussaat ab Juni bis Juli/August. Der feine Samen darf nicht zu dicht gesät werden. Vor dem Auspflanzen auf das Standbeet ausdünnen, damit nur starke Pflanzen heranwachsen. Man sollte in jedem Garten ein ganzes Beet mit den verschiedenen Bellis-Sorten haben, um bei Bedarf immer einige Tausendschön als Lückenbüßer ins Staudenbeet oder dort, wo eine Pflanze ausgefallen ist, einbauen zu können.

66. Bellisperennis „Purpurmantel"

67. Bellis perennis flore pleno, *Rosa gefülltes Tausendschön*

68. Bellis perennis flore pleno alba, *Weiß gefülltes Tausendschön*

69. Bergenia cordifolia purpurea, *Bergenie, Riesensteinbrech (Steinbrechgewächse)* ♃ ☼–◑ ≈ △ ▭ ♧

Ausgezeichnete Staude, die sich als „Mädchen für alles" im Garten sowohl als Uferpflanze als auch im Schatten unter Bäumen gemeinsam mit Vinca-Immergrün und immergrünen Gehölzen sehr gut unterbringen läßt. Im Steingarten ist sie mit ihren fleischfarbenen Blütenrispen, die sich von April an über viele Wochen halten, nahezu unentbehrlich. Die immergrünen Blätter können im Frühjahr beim Austrieb des neuen Grüns durchgesehen werden. Unansehnliche Blätter werden dann entfernt. Nicht aber die Pflanzen vor dem Winter völlig kahl scheren! Höhe 30–40 cm, Blüte 4/6, 7/qm.

70. Briza maxima, *Riesenzittergras (Grasgewächse)* ⊙–⊙ ✂

Briza media, das gewöhnliche Zittergras, und Briza spicata, das griechische Zittergras, sind allesamt gute Gräser für vollsonnigen Stand auf leichtem Gartenboden.

Begehrt für den Schnitt, vor allem für langhaltende Trockensträuße. Im zeitigen Frühjahr auf den endgültigen Platz aussäen, oder im Herbst (September) auf Saatbeet.

71. Butomus umbellatus, *Wasserliesch, Blumenbinse*
Heimische, sehr angenehme Uferstaude, die in einer Wassertiefe von 10–30 cm ihren besten Standort hat. Verdient ihren Platz in jedem nicht zu kleinen Gartenteich, weil sie in der Blütezeit, die über Wochen und Monate hinweggeht, das Gewässer ungemein belebt. Wird durch Teilung der kriechenden Wurzelstöcke vermehrt. Höhe 80 bis 120 cm, Blüte 6/8.

72. Calceolaria integrifolia rugosa, *Pantoffelblume (Rachenblütler)* ⊙
Eine der dankbarsten Beet- und Balkonpflanzen, im Verein mit dem blauen Leberbalsam (Nr. 6), roten Salvien (Nr. 420) und vielen anderen Sommerblumen. Pflanzen in der Gärtnerei kaufen! Höhe 30–50 cm, Blüte 7/10, 12–15/qm.

73. Calceolaria polyrrhiza, *Zwerg-Pantoffelblume* ♃ ◑ △
Interessante, winterharte Staude für den Liebhaber. Heimat Patagonien. Im lichten Halbschatten im Steingarten, auf Natursteinmauern, nicht direkt in die brennende Sonne pflanzen. Höhe 15 cm, Blüte 6/7.

74.–75. Calendula officinalis, *Ringelblume, Gilke (Korbblütler)* ⊙ ✂
„Balls Orange“ orangefarben und „Balls Gold“ goldgelb.
Sommerblume der Bauerngärten. Vermehrung durch Aussaat, die im Frühjahr so bald wie nur möglich ins Freie erfolgt. Es kann bis gegen Ende Juni noch mit Folgesaaten für dauernd kräftig blühende Pflanzen gesorgt werden. Später kommen die Ringelblumen durch Selbstaussaat immer wieder. Oft verwünscht, aber gegen das herbstliche Jahresende aller Blütenpflanzen mit zunehmender Freude bewundert. Höhe 60 cm, Blüte 6/11.

76.–84. Callistephus chinensis, *Sommeraster (Korbblütler)* ⊙ ✂
Eine der meistverwendeten Gartenblumen seit je. Die Einjahrsastern werden entweder auf Beete zum Blumenschnitt gepflanzt, sie dienen aber auch in bunten Sommerblumenbeeten nur dem Schmuck. Die einfach blühenden lassen sich erfolgreich an Kahlstellen der Staudenbeete pflanzen. Auch als Reservepflanze zum Ausfüllen von entstandenen Lücken sind die Einjahrsastern glänzend geeignet, da sie bis zum Blühen selbst noch mit Ballen umgepflanzt werden können.

76.–77. Callistephus chinensis „Strahlenaster“

78.–80. Callistephus chinensis „Margaretenaster“

81.–82. Callistephus chinensis „Straußenfederaster“

83.–84. Callistephus chinensis „Liliput-Aster“

85. Calla palustris, *Sumpfkalla, Schweinsohr, Sumpfdrachenwurz (Aronstabgewächse)* ♃ ≈
Heimische Sumpfpflanze, die leicht im flachen Teichrand anzusiedeln ist, von dort aus mit ihren langen Rhizomen umherstreicht. Aus diesen Rhizomen kann sie einfach vermehrt werden. Am besten im Mai, wie gerade dieser Monat für alle Wasserpflanzen die beste Pflanz- und auch Vermehrungszeit darstellt. Höhe 20 cm, Blüte 6.

86. Caltha palustris flore pleno praecox, *Gefüllte Sumpfdotterblume (Hahnenfußgewächse)* ♃ ☼–◑ ≈
Ist der ungefüllten heimischen Sumpfdotterblume im Garten vorzuziehen und besonders die ange-

führte Abart praecox = die Frühe. Uferränder, ein halbschattiger Platz in Teichnähe, ein Tuff auf einer feuchten Lichtung, dazu Sumpfvergißmeinnicht (Nr. 314 bis 315), Trollius (Nr. 465–467), Iris sibirica (Nr. 266), Hosta (Nr. 250–251) u. ä. Vermehrung durch Teilung des Wurzelstockes. Höhe 20–30 cm, Blüte 4/5, 9/10, 8–10/qm.

87. Caltha palustris, *Wilde Sumpfdotterblume*

Lebt auf nassen Wiesen und wächst in flache Teiche hinein. Sonstige Eigenschaften wie Nr. 86.

88.–90. Canna indica hybrida, *Indisches Blumenrohr (Blumenrohrgewächse)*

Fremdartige Pflanze für Kurgärten und weiträumige, aber strengere öffentliche Anlagen. Blatt- und Blumencanna, beide Arten können durch ihr dekoratives Laub (kleine Bananenstaude), aber auch durch die intensiv leuchtenden Blüten einen sehr großen Zierwert besitzen. Die Wurzelballen müssen möglichst in einem Gewächshaus überwintert werden, wo sie auch bei sehr viel Licht und Wärme bis zum Auspflanzen gegen Ende Mai gehalten werden.

88. Canna indica hybrida „Louis Cayeux“

Leuchtend rot, Höhe 100–150 cm, Ende 7/9, 5/qm.

89. Canna indica hybrida „Le Tigre“

Getigert, sonst wie Nr. 88.

90. Canna indica hybrida „I. B. van der Schoot“

Rosarot, sonst wie Nr. 88.

91. Campanula carpatica, *Karpatenglockenblume (Glockenblumengewächse)* ♃ ☼–◑ ▭ △

Sorte „Karpatenkrone“. Bevorzugt mageren Boden, Steingarten an vollsonniger Stelle. Sie sollte stets in Gemeinschaft mit der var. alba, der weißen Karpatenglockenblume, angesiedelt werden. Höhe 30 cm, Blüte 6/7, 8–10/qm.

92. Campanula glomerata dahurica, *Knäuelglockenblume* ♃ ◑ ▭

Ist als wildartige Staude noch von urwüchsiger Kraft und wuchert gerne ein wenig. Höhe 50 cm, Blüte 6/7.

93.–94. Campanula medium, *Marienglockenblume* ⊙ ✂

Zweijährige Pflanze mit sehr schönen großen, gefüllten oder ungefüllten Glocken. Blütenfarbe Blau, Weiß und Rosa. Aussaat Mai–Juni im kalten Kasten. Es kann auch ein gut vorbereitetes, geschütztes Beet im Freien dazu dienen. Die einmal pikierten Jungpflanzen kommen im Herbst auf das Standbeet. Auch als Reservepflanze wie Aster, Löwenmaul u. a. geeignet. Höhe 80 cm, Blüte 6/7, 8/qm.

95.–96. Campanula persicifolia, *Pfirsichblättrige Glockenblume* ♃ ☼ ✂ ▭

Mit den Abarten C. pers. grandiflora und grandiflora alba in Blau und Weiß. Vermehrung durch Teilen. Höhe 80–100 cm, Blüte 6/7, 5/qm.

97. Campanula portenschlagiana, *Polsterglockenblume* ◑–●

Violettblaue Blütenpolster. Verträgt trockensten Stand und selbst Schatten noch gut! Höhe 10 cm, Blüte 5/6 mit reicher Nachblüte bis Herbst. 12/qm.

98. Campanula pulla, *Alpenglockenblume* ◑–●

Winzige Polster, riesige Glocken. Liebt im Steingarten gut drainierten Untergrund und leichte Schattenlage hinter einem höheren Gehölz. Höhe 5–10 cm, Blüte 7/8.

99. Centaurea cyanus, *Kornblume, Flockenblume (Korbblütler)* ⊙ ♃ ☼ ▭ ✂ 🐝

Liebt einen leicht humosen Boden, in den die Saat so zeitig wie nur möglich, etwa März, ausgesät wird. Höhe 70–90 cm, Blüte 7/8.

100. Centaurea montana rosea, *Rosa Bergkornblume* ♃ ⊙ ✂
Wenig Ansprüche an den Boden, nur viel Licht und Sonne. Höhe 50 60 cm, Blüte 6/7, 5/qm.

101. Centaurea montana grandiflora, *Großblumige Bergkornblume* ♃ ☼ ✂ ▭
„Kaiser Wilhelm" tiefblau. Sonst wie Nr. 100.

102. Centranthus ruber coccineus, *Karminrote Spornblume, Sporenbaldrian (Baldriangewächse)* ♃ ☼ △ ▭ ✂
Dauerblüher, in der Natur auf Kalksteinfugen, an Gesteinshängen und -spalten. Genauso wollen sie, je trockener, desto besser im Garten auf Mauern u. ä. stehen. Selbstaussaat! Höhe 70–80 cm, Blüte 6/9, 5/qm.

103. Cerastium tomentosum, *Hornkraut (Nelkengewächse)* ♃ ☼ △
Ideales Polster unter dunklen Wacholderbüschen u. ä. Steingartenpflanzen. Unverwüstlich wächst es immer gewaltiger in die Breite und hängt in schweren Bahnen über Mauern herab. Vorsicht mit schwächeren Pflanzen in der Nachbarschaft! Höhe 20–30 cm, Blüte 5/6, 6/qm.

104. Cheiranthus cheiri, *Goldlack (Kreuzblütler)* ⊙ ❀ ✂
Aussaat der zweijährigen Pflanzen ab März–Juni ins Frühbeet oder ins Freiland ab Mai. Die pikierten Pflanzen werden im zeitigen Frühjahr auf den endgültigen Platz gepflanzt, möglichst unter Schonung des Erdballens! Geschützt stehende Pflanzen können mehrere Jahre überdauern. Höhe 25–60 cm, Blüte 5/6.

105. Cheiranthus allionii (Erysimum), *Staudengoldlack*
Orangegelb, Höhe 45 cm.

106. Chiastophyllum oppositifolium (Cotyledon simplicifolia), *Goldtröpfchen (Dickblattgewächse)* ◑–● △ ||
Steingartenstaude und auf Natursteinmauern. Vermehrung durch Teilen im Spätherbst. Höhe 10 cm, Blüte 6/7.

107. Chrysanthemum indicum hybridum (Chrys. hortorum, heute Sammelbegriff), *Chrysantheme (Korbblütler)*
☼ ⊥ ▭ ✂
Alle Gartenchrysanthemen oder auch Winterastern brauchen einen kräftigen, nahrhaften Boden, sollen sie sich richtig voll entwickeln. Nässe ist der Tod für diese Pflanzen, daher gute Drainage und bei kalten, schweren Böden Beigabe von Sand und Torfmull zur Lockerung. „Zwergsonne" gelb, Höhe 40 cm, Blüte 8/9.

108. Chrysanthemum indicum hybridum „Anastasia"
Violettrosa, Höhe 40 cm, Blüte 8/9.

109. Chrysanthemum koreanum hybridum „Apollo"
Braunorange, Höhe 70 cm, Blüte 8/9.

110. Chrysanthemum koreanum hybridum „Hebe"
Lebhaft rosa, Höhe 60 cm, Blüte 8/9.

111. Chrysanthemum indicum hybridum „Gobelin"
Bronze, Höhe 40 bis 60 cm, Blüte 9/10.

112. Chrysanthemum indicum hybridum „Septembergold"
Gelb, Höhe 40–50 cm, Blüte 9/10.

113. Chrysanthemum indicum hybridum „Phönix"
Orangegelb, Höhe 50–70 cm, Blüte 9/10.

114.–115. Chrysanthemum indicum hybridum „Mme. Marie Massée"
Gelb und violett, Höhe 60 bis 70 cm, Blüte 9/10.

116. Chrysanthemum roseum (Pyrethrum ros.), *Bunte Margerite*
Sehr schöne Staude mit geschlitz-

tem Laub und Blüten von zartem Weiß bis zu dunklem Rot. Einfache und gefüllte Blumen. Liebt einen gut humosen, durchlässigen Gartenboden. Ist beim Umpflanzen gründlich in kleinere Teile zu zerlegen, da sie desto besser wieder anwächst. Höhe 80 cm, Blüte 5/6. Sorte „Eileen May Robinson".

117. Chrysanthemum roseum „James Kelway"
Samtrot, Höhe 60 cm, Blüte 5/6.

118. Chrysanthemum maximum „Gruppenstolz"
Großblumige Margerite, 50 cm, Blüte 7/8.

119. Chrysanthemum roseum „White Queen Mary"
Gefüllt cremeweiß, Höhe 70 cm, Blüte 5/6.

120. Chrysanthemum segetum, „Eldorado", *Goldmargerite, Sommerchrysantheme*

121. Chrysanthemum carinatum, *Bunte einjährige Sommerchrysantheme* ⊙ ✂
Die Sommerchrysanthemen, Chr. segetum, Chr. carinatum und das noch folgende Chr. coronarium, die Kronenmargerite, stellen auf den sommerlichen Blumenbeeten so viele bunte Farben und fröhliche Leuchtkraft, daß sie eigentlich in keinem Garten fehlen sollten. Es kann direkte Freilandaussaat vorgenommen werden. Liebhaber säen aber das Sommerchrysanthemum schon vorzeitig im Zimmer aus, um recht früh pikierte und kräftige Pflanzen nach den Maifrösten ins Freie bringen zu können. Höhe 50–70 cm, Blüte 7/10.

122. Chrysanthemum leucanthemum vernale, *Frühlingsmargerite* ♃ ☼ ▭ ✂
Eine besonders früh blühende Margerite, die ihren Platz in der Staudenrabatte ebenso wie im naturhaften Gartenteil oder auf Blumenwiesen hat. Höhe 80–100 cm, Blüte 5/6.

123. Chrysanthemum coronarium, *Kronenmargerite* ⊙ ✂
Eigenschaften wie Nr. 121.

124. Clarkia elegans, *Klarkie, Mandelröschen (Nachtkerzengewächse)* ⊙ ✂
Frühe Freilandaussaat ab März bringt frühe Blüte ab Mitte Juni. Liebt leichten, durchlässigen humosen Gartenboden. Nach dem Aufgehen allseitig auf 15 cm Abstand ausdünnen. Höhe 50–60 cm, Blüte 6/7.

125. Cimicifuga, *Silberkerze (Hahnenfußgewächse)* ♃ ☼–● ▭ ≈ ✂
C. dahurica, Amur-Silberkerze, liebt wie alle Cimicifuga einen sehr feuchten, humusreichen, mit Laubkompost und guter Komposterde angereicherten Boden. In Naturgartenteilen im Halbschatten bis Schatten vor dunklem Gehölzhintergrund heben sich die hohen schlanken Blütenkerzen besonders wirksam ab. Höhe 200 cm, Blüte 7/8, 5/qm.

126. Cimicifuga racemosa, *Traubensilberkerze*
Wie Nr. 125. Gartensorte „Armleuchter" ist eine der schönsten mit ihren mehrfach verzweigten Blütenständen in reinem Weiß. Höhe 150 cm, Blüte 7/9, 4/qm.

127. Cobaea scandens, *Rankende Krallenwinde (Sperrkrautgewächse)* ⊙
Einjährige Kletterpflanze mit Vorkultur im Frühbeet bzw. Gewächshaus. Ausgepflanzt wird mit Topfballen gegen Ende Mai. Liebt nährstoffreiche humose Gartenerde.

128. Colchicum autumnale, *Herbstzeitlose (Liliengewächse)* ⚲
Die Zwiebeln dieser eigenartigen Pflanze treiben zumeist im Herbst die zartlilarosa Blüten, die um diese Zeit ohne Laub erscheinen. Das Laub treibt im Frühjahr aus und bildet sich zu mächtigen Blattbüscheln, in deren Mitte der

Samenstand sitzt. Mit der Samenreife stirbt das Laub ab. Es muß bis zu diesem Zeitpunkt im Garten geschont werden, da es die Reserven für die kommende Blüte ablagert. Normale Gartenerde, sonniger, höchstens leicht beschatteter Standort sind die Forderungen. Höhe 15 cm, Blüte 9/10. Stark giftig!

129. Convallaria majalis, *Maiglöckchen, Maiblume (Liliengewächse)* ♃ ◑–● ▭ ✂
Die queckenartigen Keime werden im Frühjahr oder Herbst in gute humose Gartenerde, der noch Torfmull zugesetzt wurde, eingepflanzt. Kalkgehalt soll vorhanden sein. Höhe 20 cm, Blüte Ende 4/5. Giftig!

130. Coreopsis tinctoria (C. bicolor), *Mädchenauge, Schöngesicht (Korbblütler)* ⊙ ✂
Dankbarer Blüher für Schnittblumenbeete oder zum Füllen im Staudenbeet. Aussaat direkt ins Freie ab Mitte Mai oder vorgezogene Jungpflanzen aussetzen. Höhe 100 cm, Blüte 6/9.

131. Coreopsis verticillata grandiflora, *Netzschöngesicht* ♃ ☼ ✂
Zierlich feinbelaubte gelbblühende Staude, die aus ihrem dichtverzweigten gelben Wurzelgeflecht vorsichtig im Frühjahr oder im Herbst in viele Stücke geteilt werden kann. Dankbare Beetstaude und Steingartenpflanze. Wirkt stets gut in Gemeinschaft mit weißen Margeriten und roter Indianernessel (Nr. 313). Höhe 50–60 cm, Blüte 7/9, 7/qm.

132. Cosmea bipinnata, *Schmuckkörbchen (Korbblütler)* ⊙ ✂
Sommerblume. Aussaat ab März ins Freie oder Auspflanzen von vorgezogenen Jungpflanzen. Verlangt guten humosen Gartenboden in voller Sonne bis zu lichtem Halbschatten. Höhe 80–90 cm, Blüte 7/10.

133. Corydalis lutea, *Gelber Lerchensporn (Mohngewächse)* ♃ ◑–● △ ❀
Waldpflanze aus dem Halbschatten. Liebt dunkle Humuserde und Feuchtigkeit, wird aber auch mit schlechteren Verhältnissen fertig. Vermehrung durch Teilung oder Aussaat direkt nach der Samenreife. Höhe 20–30 cm, Blüte 7/10.

134. Crocus aureus, *Goldkrokus (Irisgewächse)* ♃ ♀ ☼–◑ ❀
Gartenform „Großer Gelber". Blüte 3/4 im Rasen. Alle Krokusarten giftig.

135. Crocus speciosus, *Herbstkrokus*
Purpurviolett, Blüte 9/10.

136.–137. Crocus vernus, *Frühlingskrokus.*
Weiß-hellila, Blüte 3/4 im Rasen. Von allen Krokus-Arten gibt es unzählige Sorten, die ab September bis Oktober ins Land gelegt werden. Herbstkrokus dagegen muß bis zum Sommer im Lande sein, damit er noch richtig im Herbst blühen kann.

138. Cyclamen neapolitanum, *Balkan-Alpenveilchen (Primelgewächse)* ♃ ◑ △
Entwickelt eine sehr große, breite Knolle. Diese wird im Halbschatten von Steingartengehölzen oder an Gehölzrändern in eine sehr humusreiche, lehmige und durch Torfzusatz etwas saure Erde so gesetzt, daß sie ca. 2–3 cm hoch zugedeckt sind. Eine Winterdecke aus Laub-Nadelstreu bekommt den wilden Alpenveilchen ausgezeichnet. Höhe 10–15 cm, Blüte 8/9.

139. Cypripedium calceolus, *Heimischer Frauenschuh, Erdorchidee (Orchideengewächse, Knabenkrautgewächse)* ◑ △
Der Stolz eines jeden Liebhabers, wenn er seinen Frauenschuh im Garten gut gedeihend angesiedelt

hat! Kalkgehalt des Bodens ist maßgebend für den Erfolg. Dazu gehören ein gut durchlässiger Untergrund und eine humusreiche Laub-Walderde.

140.–182. Dahlia cultorum, *Dahlie, Georgine (Korbblütler)*
Knollengewächs, dessen Wurzelstöcke frostfrei im Keller oder in Erdmieten überwintert werden müssen. Eines der bekanntesten Gartengewächse mit einer Unzahl von Sorten und Arten. Es werden hauptsächlich unterschieden: Schmuckdahlien mit sehr großen Blüten aus lockeren, breiten Blumenblättern; Kaktus- und Kaktushybriddahlien mit spitz gedrehten Blütenblättern; Pompon- oder Balldahlien und Mignon- und einfach blühende Halskrausendahlien.
Im Garten finden Dahlien am besten ihren Platz auf geschlossenen Dahlienbeeten oder im bunten Sommerblumenbeet. Für das Staudenbeet eignen sie sich weniger, da die massiven Büsche leicht alle Nachbarpflanzen unterdrücken. Hier können die zierlichen Mignondahlien am ehesten verwendet werden.
Knollen werden im Mai gepflanzt, damit ihre Jungtriebe erst nach den Maifrösten aus der Erde kommen. Im Herbst nach Abfrieren des Laubes einwintern.

140. Dahlia cultorum variabilis „Zauberin“, *Dahlie*

141.–142. Dahlia cultorum „Top Mix“, *Mignon-Dahlie*

143. Dahlia cultorum „Thomas A. Edison“, *Schmuckdahlie*

144. Dahlia cultorum „Helly Boudewijn“, *Schmuckdahlie*

145. Dahlia cultorum „Tor“, *Schmuckdahlie*

146. Dahlia cultorum „Gretchen Heine“, *Pompondahlie*

147. Dahlia cultorum „Golden Leader“, *Schmuckdahlie*

148. Dahlia cultorum „Riant“, *Schmuckdahlie*

149. Dahlia cultorum „Bacchus“, *Schmuckdahlie*

150. Dahlia cultorum „Gerrie Hoeck“, *Schmuckdahlie*

151. Dahlia cultorum „Arc de Triomphe“, *Schmuckdahlie*

152. Dahlia cultorum „Purpur Slag“, *Schmuckdahlie*

153. Dahlia cultorum variabilis „Ballego's Glory“, *Schmuckdahlie*

154. Dahlia cultorum variabilis „Barbarossa“, *Schmuckdahlie*

155. Dahlia cultorum variabilis „Andries Pink“, *Schmuckdahlie*

156. Dahlia cultorum variabilis „Ahoy“, *Schmuckdahlie*

157. Dahlia cultorum variabilis „Therose“, *Schmuckdahlie*

158. Dahlia cultorum variabilis „Duindingt“, *Kaktusdahlie*

159. Dahlia cultorum variabilis „Brandaris“, *Kaktusdahlie*

160. Dahlia cultorum variabilis „Yellow Special“, *Kaktusdahlie*

161. Dahlia cultorum variabilis „Guten Morgen“ (Good Morning), *Kaktusdahlie*

162. Dahlia cultorum variabilis „Finesse Anversoise“, *Kaktusdahlie*

163. Dahlia cultorum variabilis „Silvretta“, *Kaktusdahlie*

164. Dahlia cultorum variabilis „Pin Up“, *Kaktusdahlie*

165. Dahlia cultorum variabilis „Purity“, *Kaktusdahlie*

166. Dahlia cultorum variabilis „Broeder Justinus“, *Schmuckdahlie*

167. Dahlia cultorum variabilis „Elise Crellin“, *Schmuckdahlie*

168. Dahlia cultorum variabilis „Baby Rose“, *Schmuckdahlie*

169. Dahlia cultorum variabilis „Freya“, *Schmuckdahlie*

170. Dahlia cultorum variabilis „Daga“, *Schmuckdahlie*

171. Dahlia cultorum variabilis „Apropos“, *Pompondahlie*

172. Dahlia cultorum variabilis „Heloise“, *Pompondahlie*

173. Dahlia cultorum variabilis „Nerissa“, *Pompondahlie*

174. Dahlia cultorum variabilis „Kochelsee“, *Pompondahlie*

175. Dahlia cultorum variabilis „Pinocchio“, *Pompondahlie*

176. Dahlia cultorum variabilis „Sonnengold“, *Pompondahlie*

177. Dahlia cultorum variabilis „Stolze von Berlin“, *Pompondahlie*

178. Dahlia variabilis „Symphonia“, *Mignon-Dahlie*

179. Dahlia variabilis „Schneeprinzessin“, *Mignon-Dahlie*

180. Dahlia variabilis „Mondlicht“, *Mignon-Dahlie*

181. Dahlia variabilis „Paisley Gem“, *Mignon-Dahlie*

182. Dahlia variabilis „La Cierva“, *Halskrausen-Dahlie*

183.–189. Delphinium, *Rittersporn (Hahnenfußgewächse)* ☼ ⊥ ▭ ✂
Prächtige Gartenstauden von edelsten Blaufarben. Verlangen nahrhafte, tiefgründige, warme Gartenerde, in der sie bald starke, vieltriebige Büsche bilden. Unserem größten noch lebenden Gärtner und Züchter Karl Foerster verdanken wir neben der Farbenkraft vor allem mehltaufreie und standfeste Sorten. Bei Rückschnitt sofort nach der Blüte: zweiter Flor! Höhe 130–150–200 cm, Blüte 7/8, 1–3/qm.

183. Delphinium cultorum „Berghimmel“
Himmelblau mit weißem Auge, Höhe 170 cm.

184. Delphinium cultorum „Föhn“
Dunkellila, Höhe 170 cm.

185. Delphinium belladonna hybrida „Mrs. Thomson“
Blau mit weißer Mitte, Höhe 120 cm.

186. Delphinium cultorum Pacific-Hybriden „Giant“
Lilarosa, Höhe bis 200 cm.

187. Delphinium ruysii „Rosa Überraschung“
Rosa, Höhe 100–120 cm.

188. Delphinium nudicaule, *Roter Steingartenrittersporn*
Höhe 30 cm. Verlangt sandigen Stand, da er leicht fault.

189. Delphinium cultorum „Gletscherwasser“
Hellblau, Höhe 170 cm.

190.–196. Dianthus, *Nelke (Nelkengewächse)* ♃ ⊙ ⊙ ☼ ▭ ✂
Die Nelken in ihren einjährigen, zweijährigen und staudigen Vertretern stellen seit je ein riesiges Blumenkontingent für unsere Gärten. Zumeist sind sie anspruchslose Sonnenpflanzen für leichte Böden oder für Steinmauern.

190. Dianthus barbatus, *Bartnelke, Studentennelke* ⊙ ☼ ✂ ▭
Aussaat im Juni. Pikieren der Jungpflanzen. Später im Herbst auf das Standbeet gepflanzt, beginnen sie ab Juni des nächsten Jahres überreich zu blühen. Oft auch mehrjährig. Höhe 30–40 cm, Blüte 6/8.

191.–193. Dianthus caryophyllus, *Land- oder Gartennelke* ⊙ ☼ ✂
Aussaat im Juni/Juli im kalten Kasten. Pikierte Pflanzen im Spätsommer auf das Standbeet pflanzen. Höhe 40–60 cm, Blüte 7/9.

194. Dianthus plumarius „Duchesse of Fife“, *Federnelke* ♃

Von dieser Federnelke gibt es sehr viele Sorten. Im Garten gerne als Einfassungspflanze verwendet. Höhe 20 cm, Blüte 6/7.

195. Dianthus caryophyllus „Sonnengold" *Land- oder Gartennelke* ⊙
Höhe 40–50 cm, Blüte 6/7.

196. Dianthus plumarius „Diamant", *Federnelke*
Höhe 20 cm, Blüte 6/7.

197. Dicentra spectabilis, *Tränendes Herz (Mohngewächse)*
♃ ◑–● ▭ ✂ ❀
Bekannte Gartenstaude, verlangt alten humosen Gartenboden, steht gerne in Gemeinschaft mit Farnen, Primeln (Nr. 395–405), Doronicum (Nr. 202) u. ä. Halbschattenstauden. Nicht zu trockener Stand! Da die Pflanze bald nach der Blüte „einzieht", soll man immer einige Reservepflanzen für diese Kahlstelle bereithalten. Höhe 80 cm, Blüte 5/6, 5/qm.

198.–199. Dimorphoteca aurantiaca, *Goldblume (Korbblütler)*
⊙ △
Freilandaussaat April. Nach dem Aufgehen stark verdünnen, damit die verbleibenden Pflanzen Raum behalten. Höhe 30 cm, Blüte 6/8.

200. Digitalis purpurea, *Fingerhut (Rachenblütler)* ♃ ⊙ ☼–◑
▭ ✂
Diese hohe, zauberhaft schöne Staude findet im Garten und im Park ihren Platz am besten in größeren Trupps im Halbschatten zwischen Gehölzen oder auf Lichtungen. Verlangt humosen guten Gartenboden. Einmal gepflanzt, sät sich Fingerhut später selbst aus und bleibt im Garten. Höhe 200 cm, Blüte 6/7, 9/qm. Giftig!

201. Dodecatheon meadia, *Götterblume, auch Sternschnuppenblume (Primelgewächse)*
♃ ☼–◑ ≈ △
Interessante, alpenveilchenähnlich blühende Halbschattenstaude vor immergrünen Gehölzen oder im Steingarten. Höhe 30–60 cm, Blüte 5/6.

202. Doronicum caucasicum magnificum, *Kaukasische Gemswurz (Korbblütler)* ♃ ☼–◑
▭ ≈ ✂ ❀
Sehr wichtige Frühlings-Blütenstaude für Naturgartenteile im Verein mit Anchusa myosotidiflora (Nr. 13), Lungenkraut, (Nr. 406), Tränendem Herz (Nr. 197), Vergißmeinnicht (Nr. 315), frühen Tulpen u. ä. Auch für große Farbflächen an Bach- oder Teichufern wirksam anzusiedeln. Als „gelbe Margerite" eine begehrte, dankbare Schnittblume. Höhe 50–70 cm, Blüte Ende 4/5, 5/qm.

203. Dryas octopetala, *Silberwurz (Rosengewächse)* ♃ ☼ △ ▭
Polsternde Gebirgspflanze (Halbgehölz) mit sehr schönem Laub, für den Steingarten auf durchlässigem Boden, der wegen der Säure mit Torfmull angereichert wurde. Höhe 15 cm, Blüte 5/6, 7/qm.

204. Echinops ritro, *Kugeldistel (Korbblütler)* ♃ ☼ ⊥ ▭ ✂ ❀
Naturgartenteile mit Trockenpflanzen und Gräsern können mit größeren Trupps von Kugeldisteln durchsetzt werden. Auch für das Staudenbeet, besonders mit der Sorte „Taplow Blue" als blauer Staude wichtig. Nicht zu nahrhafter Boden. Höhe 120–150 cm, Blüte 6/7, 3/qm.

205. Epimedium rubrum, *Elfenblume (Berberitzengewächse)*
♃ ◑
Ausgezeichnete Pflanze für das Unterholz unter immergrünen und niederen Waldgehölzen. Höhe 25 bis 30 cm, Blüte 5/6.

206. Eranthis hiemalis, *Winterling (Hahnenfußgewächse)* ♃ ♀
Vorfrühlingsblüher, dessen Knollen ca. 6 cm tief eingesetzt werden.

Gemeinsam mit anderen frühen Zwiebelblühern, Scilla (Nr. 431 bis 432), Galanthus (Nr. 220) in größeren Trupps am Rande lichter Gehölze am wirksamsten. Höhe 5–10 cm, Blüte 3/4.

207.–208. Eremurus, *Steppenkerze, Kleopatranadel (Liliengewächse)* ♃ ☼ ⊥ ▭ ✂ ❧

Prächtige Einzelstaude mit dekorativen Blütenschäften. In der Behandlung bedarf sie allerdings einiger Aufmerksamkeit, damit schon bei der Pflanzung nichts versäumt wird. Für Eremurus ist es auf fast allen Böden wichtig, daß sie eine regelrechte Schotter- und Kiesdrainage bekommen. Erst dann setzen wir die Staude mit aller Vorsicht auf das fertige Pflanzloch, breiten die brüchigen Wurzeln sternförmig aus, decken vorsichtig mit Erde ab. Beste Pflanzzeit: August, nach der Blüte. Leichter Winterschutz ist stets angebracht. Höhe 80–300 cm, Blüte 6/7, 3/qm.

207. Eremurus bungei

Reingelb, schmalblättrig, Höhe 100–120 cm, Blüte 6/7.

208. Eremurus robustus

Breite Blütenschäfte, rosa, Höhe 200 cm, Blüte 6/7.

209.–212. Erigeron hybridus, *Feinstrahlaster (Korbblütler)* ♃ ☼ ▭ ✂

Diese Staudenart dürfte eigentlich in keinem Garten fehlen. Dankbarster und langer Blüher. Ein guter, tiefgründiger Gartenboden ist am besten, dazu viel Sonne.

209. Erigeron hybridus „Wuppertal"

Eine der besten Züchtungen! Höhe 70 cm, Blüte 6/8.

210. Erigeron hybridus „Vanity"

Rosa, ausgezeichnete Schnittblume. Höhe 70 cm, Blüte 6/8.

211. Erigeron hybridus „Sommerneuschnee"

Weiß bis leicht rosa, Höhe 60 cm, Blüte 6/8.

212. Erigeron mesagrande speciosus

Besonders feinstrahlig und reich in dichten Blütendolden. Höhe 60 cm, Blüte 6/8.

213. Eryngium hybridum, *Edeldistel (Doldenblütler)* ♃ ☼ ▭ ✂ △

Reizvolle Staude für Trockenheit, für leichten Sand, Dünengelände und Halden. Höhe 60–100 cm, Blüte 7/9, 5/qm.

214. Erythronium dens-canis, *Hundszahn (Liliengewächse)* ♃ ◑

Zwiebelgewächs im Halbschatten zu immergrünen Sträuchern, zu Maiglöckchen (Nr. 129), Waldmeister, Farnen, Lungenkraut (Nr. 406). Verlangt guten Humusboden. Höhe 15 cm, Blüte 5.

215. Eschscholtzia californica, *Goldmohn, Eschscholtzie (Mohngewächse)* ⊙

Wird direkt auf das Standbeet gesät, entweder im Herbst oder im zeitigen Frühjahr. Ausdünnen. Verpflanzen nicht möglich. Höhe 30 cm, Blüte 6/9.

216. Euphorbia polychroma (epithymoides), *Gold- oder Frühlingswolfsmilch (Wolfsmilchgewächse)* ♃ ☼–◑ ▭ △

Dankbare, lange blühende schöne Staude für Steingarten, vor dunklem Gehölz. Höhe 50–60 cm, Blüte 5/7, 5/qm.

217. Filipendula rubra venusta magnifica, *Spierstaude, Mädesüß (Rosengewächse)* ♃ ☼–◑ ⊥ ≈ ▭

Staude für halbschattige Gartenteile und Uferpartien. Höhe 150 cm, Blüte 5/7, 5/qm.

218. Filipendula hexapetala, *Mädesüß*

Eigenschaften wie Nr 217.

219. Fritillaria imperialis, *Kaiserkrone (Liliengewächse)*
♃ ♀ ☼ ✂ ❧

Zwiebelpflanze mit stark riechender Zwiebel. Bekannte Bauernblume. Höhe 60–80 cm, Blüte 4/5.

220. Galanthus nivalis, *Schneeglöckchen (Amaryllisgewächse)*
♃ ♀ ◑ ✂

Bekanntester erster Frühlingsbote der Gärten. Vermehrung durch Brutzwiebeln. Zwiebeln im Juli bereits einpflanzen. Höhe 15 cm, Blüte 2/3.

221. Fritillaria meleagris, *Schachbrettblume, Kibitzei (Liliengewächse)* ♃ ♀ ☼–◑

Liebenswerte Zwiebelblume für Steingarten zu kleinen Nadelgehölzen, Gräsern, Mughuskiefern u. ä., aber auch für naturhafte Gartenpartien zum Verwildern. Zwiebeln im Herbst legen. Höhe 20–30 cm, Blüte 4/5.

222. Gaillardia aristata grandiflora, *Maler- oder Kokardenblume (Korbblütler)* ♃ ☼ ▭ ✂

Wertvolle Gartenstaude für Staudenbeet und Schnitt. Liebt leichtere Gartenerde. Um das Auswintern zu verhindern, empfiehlt es sich, die Pflanzen gegen Ende August so weit zurückzuschneiden, daß alle Knospen und Blüten entfernt sind. Dadurch bestockt sich die Pflanze erneut und kommt gut bis zum Frühjahr durch. Eine leichte Winterdecke aus Laub oder Torfmull ist ratsam. Höhe 50–70 cm, Blüte 7/9, 5/qm.

223. Galega officinalis, *Geißraute (Schmetterlingsblütler)* ♃ ☼ ▭

Für trockene Gartenteile gemeinsam mit Liatris (Nr. 285) und Rudbeckia (Nr. 413–415). Höhe 80–120 cm, Blüte 6/9.

224. Gentiana acaulis, *Stengelloser Enzian (Enziangewächse)*
♃ ☼–◑ △

Der Traum des Steingartenbesitzers. Leider durch falsche Pflanzung und ungünstigen Boden viele Mißerfolge. Liebt tiefgründige lehmhaltige Gartenerde, gute Feuchtigkeit. Wichtig: Kalkgehalt. Kein Torfmull! Der handfeste Gent. sino-ornato ist vielen Liebhabern besonders zu empfehlen, wenn er etwas absonnig und feucht untergebracht werden kann. Höhe 10 cm, Blüte 5/6. G. sino-ornato Blüte 8/9.

225. Geranium endressii, *Pyrenäen-Storchschnabel (Storchschnabelgewächse)* ♃ ☼–◑ △ ▭ ✂

Diese Staude verdiente, daß sie viel mehr zur Bepflanzung natürlicher Gartenpartien verwendet würde. In Gemeinschaft mit anderen Pflanzen ähnlicher Ansprüche, wie Nepeta mussinii (Nr. 327), Cytisus praecox, Sedum-Arten (Nr. 433 bis 438), Festuca-Gräsern, Heuchera (Nr. 249) u. ä., können ungemein reizvolle naturhafte Gartenbilder entstehen. Höhe 45 cm, Blüte 6/8, 7/qm.

226. Geum coccineum heldreichii, *Nelkenwurz, Benediktenkraut (Rosengewächse)*
♃ ☼–◑ ▭ ✂ △

Viel zu selten angepflanzt in allen Gärten! Für Staudenbeete, für natürliche Pflanzungen im Verein mit Nepeta mussinii (Nr. 327), Veronica „Royal Blue“ (Nr. 517), Oenothera-Arten (Nr. 335–336), Erigeron (Nr. 209–212), Schleierkraut (Nr. 232), Gräsern u. ä., zu denen allen die ziegelrote Blütenfarbe der Geumblüten und auch ihr Charakter paßt. Liebt normalen Gartenboden, der dort, wo er zu schwer ist, durch Sandzusatz und etwas Torfmull gelockert werden muß. Höhe 30–40 cm, Blüte 5/6, 8/qm.

227. Geum chiloense hybridum „Mrs. Bradshaw“

Höhe 50–60 cm, Blüte 6/8, sonst wie Nr. 226.

228. Geum hybridum „Goldball“ (Lady Straatheden)
Dunkelgelbe, halbgefüllte Blüten, Höhe 30–40 cm, Blüte 6/9.

229. Gladiolus gandavensis, *Gladiole, Siegwurz, Schwertel (Irisgewächse)* ☼ ✂ ▭
Mit einer Unzahl von Sorten allgemein in allen Gärten gezogene Knollenpflanze. Vom Frühjahr bis zum Juni werden die Knollen flach in gute Gartenerde gelegt, um die Blüte zeitlich zu verschieben. Es lassen sich rein rote oder rein weiße Sorten auch in größeren Tuffs gut im Staudenbeet zu farbig entgegengesetzten Stauden pflanzen. Meist wird durch den Windschutz der hohen Stauden das Anbinden der leicht umwehenden Gladiolen unnötig. Nach dem Abfrieren des Laubes werden die Knollen ausgemacht, möglichst im Freien getrocknet und im Keller eingewintert. Höhe bis 100 cm und mehr.

230. Godetia whitneyi, *Sommerazalee, Godetie (Nachtkerzengewächse)* ⊙ ☼ ✂
Diese wunderschöne Sommerblume verdient eigentlich in jedem Garten einen Ehrenplatz! Sie verlangt einen guten, nahrhaften, humusreichen, nicht trockenen Gartenboden, wenn sie nicht frühzeitig versagen soll. Ausgezeichnete Schnittblume. Aussaat frühzeitig ins Freiland. Ausdünnen. Höhe 40 cm, Blüte 6/8.

231. Gypsophila elegans maxima alba, *Einjähriges Schleierkraut (Nelkengewächse)* ⊙ ☼ ✂
Obwohl es ins Freiland gesät werden kann, sollte es besser im kalten Kasten ab März gezogen, pikiert und später als stärkere Jungpflanze ausgepflanzt werden. Immer mehrere Pflanzen zusammen als Gruppe setzen; hierdurch wird die spätere Wirkung wesentlich erhöht. Höhe 45 cm, Blüte 6/8.

232. Gypsophila paniculata, *Staudenschleierkraut (Nelkengewächse)* ♃ ☼ ⊥ ▭ △ ✂
Im Steingarten neben der Natursteintreppe, im Naturgarten vor Kiefern und immergrünen Pflanzen, im Verein mit Dünenstauden und Gräsern, im Sommerblumenteil zusammen mit der roten Salvia (Nr. 420) und mit Ageratum (Nr. 6), oder bei den Rosen einfach eingesprengt in die Pflanzung: überall wird das ausdauernde Schleierkraut im Garten sichere Wirkung erzielen. Das gleiche gilt bei vorsichtiger Anwendung für gute und aufgelockerte Blumensträuße.
Das Schleierkraut liebt einen tiefgründigen, lockeren, teilweise sogar sandigen Boden, obwohl es auf schweren Lehmböden ebenfalls ausgezeichnet gedeiht. Vermehrung durch Teilen der dicken Pfahlwurzel ist zwar möglich, doch sollte man der Pflanze diese Tortur ersparen und entweder durch Aussaat neues Schleierkraut heranziehen oder Jungpflanzen beziehen. Beliebt ist auch die gefüllte Form „Bristol Fairy“ und die niedrige „Rosenschleier“ für Mauern und Steingärten. Höhe 100 cm, Blüte 7/9, 1/qm.

233. Helenium hybridum „Crimson Beauty“, *Sonnenbraut (Korbblütler)* ♃ ☼ ⊥ ▭ ✂ ❀
Unentbehrliche Gartenstaude mit vielen Sorten in verschiedenen Größen und Farben: Gelb, Kupferfarben, Mahagonirot. Als naturhafte Staude in Wildpflanzungen genauso brauchbar wie im strengeren Staudenbeet. Gute Gartenerde und nicht zu trockener Stand bringen reich blühende Pflanzen. Helenium müssen möglichst alle 2–4 Jahre geteilt und auf neue Plätze gepflanzt werden. Höhe 50–150 cm, je nach Sorte. Blüte 7/9, 3–5/qm.

234. Helenium hybridum pumilum magnificum

Höhe 50 cm, Blüte 6/8, auch für Steingärten.

235. Helenium hybridum „Wesergold"
Rein zitronengelb mit braunroter Mitte. Höhe 80–100 cm, Blüte 7/8.

236. Helenium hybridum „Moerheim Beauty"
Mit die beste Sorte, rotbraun, steht ausgezeichnet vor dunklem Nadelgehölz, geht wirksam zusammen mit blauen Rittersporen (Nr. 183 bis 185), zu denen Margeriten und niedrige Helianthemum „Golden Queen" (Nr. 635) gesellt sind, dazu blaue Nepeta mussinii (Nr. 327).

237. Helianthus annuus giganteus, *Sonnenblume (Korbblütler)*
⊙ ⊥ ✿
Die beliebte Bauernblume mit ihrem riesigen Blütenkranz von goldleuchtenden Blumenblättern. Verlangt kräftigen, gut gedüngten Gartenboden. Vorkultur ab März zu mehreren in Töpfen, die nach Mitte Mai mit Ballen ins Freie gepflanzt werden. Beliebte Blume für Kinder, um ihnen das Wunder raschen Wachstums zu zeigen. Höhe bis 300 cm, Blüte Ende 7/9.

238. Helianthus annuus „Abendsonne", *Dunkle Sonnenblume*
⊙ ✂ ⊥ ✿

239. Helianthus rigidus „Miss Mellish" ♃ ☼ ▭ ⊥ ✂
Staudensonnenblume mit rauhen, lederartigen Blättern, straffen Blütenstielen, halbgefüllten ausgezeichneten goldgelben Blüten. Schnittblume erster Ordnung, haltbar. Staude neigt zum Wuchern, daher kurz halten oder freien Stand als Einzelstaude. Höhe 120 bis 150 cm, Blüte 8/9.

240. Helichrysum bracteatum, *Strohblume (Korbblütler)* ⊙ ✂
Beliebte alte Sommerblume, auch für Trockensträuße. Aussaat ins Freiland Anfang Mai. Besser Vorkultur im kalten Kasten Anfang April. Blüten zum Trocknen in knospigem Zustand schneiden, kopfunter im Schatten aufhängen. Höhe 80 cm, Blüte 7/9.

241. Heliopsis scabra hybrida, *Sonnenauge (Korbblütler)*
♃ ☼–◑ ⊥ ▭ ✂
Blüht in unerschöpflicher Fülle, besonders lebhaft zusammen mit Monarda (Nr. 313) und Herbstastern (Nr. 36–45). Höhe 120 cm, Blüte 7/8, 1/qm.

242. Heliotropium peruvianum, *Heliotrop (Borretschgewächse)*
⊙ ✂
Duftende altbekannte Einjahrsblume, die als fertige Pflanze vom Gärtner bezogen wird. Höhe 40–50 cm, Blüte 6/10.

243. Helleborus abschasicus (caucasicus), *Kaukasische Christrose (Hahnenfußgewächse)*
♃ ◑–● ▭ △ ✂
Alle Christrosen (Nieswurz) verlangen einen Platz im lichten Halbschatten auf tiefgründigem humusreichem Lehmboden, der dazu noch einen guten Kalkgehalt aufweisen soll. Werden sie an solchem Platz weder durch Graben des Bodens noch durch Entfernen des den Boden deckenden Herbstlaubes gestört, dann entwickeln sie sich nach ein oder zwei Wartejahren zu immer großartigeren Pflanzen. Helleborus abschasicus, dunkelrote Christrose, blüht unregelmäßig, von Januar bis April. Höhe 40 bis 50 cm.

244. Helleborus niger, *Christrose*
Die heimische Christrose der Kalkberge, auf die der Name „Christrose" am besten zutrifft, weil sie gerade zur Weihnachtszeit erblüht. Es gibt viele Formen und Züchtungen mit großen und sehr großen Blüten, auch in den Farben von strahlendem Weiß bis zur perlmutterrosa überhauchten Blüte. Höhe 30–40 cm, Blüte 12/3.

245. Hemerocallis hybrida, *Taglilie (Liliengewächse)* ♃ ☼–◑ ⊥ △ ▭ ≈ ✂
Taglilien gehören zu den dankbarsten und unermüdlichsten Lebewesen unserer Gärten. Ob am Bach- oder Teichufer in feuchter humoser Erde, ob auf dem Staudenbeet oder auf magerem, trockenem Boden in Einzelstellung, überall wird die Pflanze stets das Beste aus allen Verhältnissen machen. Sorten: „Apricot" warm goldfarbig, „Hyperion" zitronengelb, Hem. conspicua, braunrot mit gelbem Mittelstreifen, Hem. citrina, hell zitronengelb. Höhe 70–120 cm, Blüte 6/8, 4/qm.

246. Hesperis matronalis, *Nachtviole (Kreuzblütler)* ⊙ ✂
Pflanze der alten Bauerngärten. Wirkt am besten zwischen Frühlingsgehölz in größeren Trupps. Aussaat im Mai ins Freie. Die Pflanzen werden mehrfach pikiert, schließlich im September auf das endgültige Beet gesetzt. Höhe 100 cm, Blüte 5/6.

247. Hepatica triloba (Anemone hepatica), *Leberblümchen (Hahnenfußgewächse)* ♃ ◑–● △ ✂
Liebenswerte Frühlingsstaude lichter Wälder. Liebt lockere Humuserde mit grober Lauberde vermischt. Schöner ist das Hep. transsilvanica, die „Ungarische Anemone" aus Siebenbürgen. Leberblumen müssen truppweise angepflanzt werden im lichten Gehölzschatten, gemeinsam mit Buschwindröschen und Haselwurz, mit Vinca (Nr. 846-848) und anderen bodenbedeckenden Waldpflanzen. Höhe 15 cm, Blüte 3/4.

248. Hepatica rubra plena, *Leberblümchen, gefüllt, rot*
Stellt die gleichen Ansprüche wie Nr. 247, nur ist etwas mehr Sonne nötig.

249. Heuchera sanguinea splendens, *Purpurglöckchen (Steinbrechgewächse)* ♃ ☼–◑ △ ▭ ✧ ✂
Dankbare Blütenstaude für Wegkantenbepflanzung, als Vorpflanzung in größeren Tuffs im Staudenbeet, als Unterpflanzung zu immergrünen Gehölzen in weiterem Stand. Höhe 30 cm, Blüte 6/7.

250. Hosta coerulea (ovata), *Funkie (Liliengewächse)* ♃ ◑–● ▭ ≈
Die ideale Blattpflanze für üppige Standorte mit großer Feuchtigkeit am Ufer, im Halbschatten oder tieferen Schatten unter locker stehendem Gehölz, vereint mit Astilben (Nr. 46-50), Silberkerze (Nr. 125), Farnen, Maiglöckchen (Nr. 129) u. ä. Als Blütenpflanze und Schnittblume: Hosta plantaginea grandiflora mit duftenden weißen Blütenschäften. Höhe 40 bis 100 cm, Blüte 6/8, 6–8/qm.

251. Hosta coerulea albo-marginata, *Weißrandfunkie*
Sehr dekorativ ist auch die Blaublattfunkie: H. fortunei glauca. Stellt die gleichen Ansprüche wie Nr. 250.

252.–257. Hyacinthus orientalis, *Hyazinthe (Liliengewächse)* ♀
Hyazinthen sind neben Tulpen und Narzissen die bekanntesten und beliebtesten Garten- und Zimmerkulturpflanzen. Die Zwiebeln werden vom Spätsommer bis in den November 15 cm tief in gute Gartenerde an nicht zu vollsonnigen Stellen in Gruppen eingesetzt, als Winterschutz empfiehlt sich eine leichte Torfmulldecke. Nach dem Abblühen werden die Zwiebeln vorsichtig herausgenommen, an schattiger, aber trockener Stelle zum Abreifen gebracht und kommen gegen Ende August gut geputzt und von den alten Blumenstengeln befreit wieder erneut in die Erde. Höhe 25–30 cm, Blüte 4/5.

252. Hyazinthus orientalis „Lady Derby" Rosa

253. Hyazinthus orientalis „Jan Bos" Rot

254. Hyacinthus orientalis „Gertrude" Dunkelrosa

255. Hyacinthus orientalis „City of Haarlem" Gelb

256. Hyacinthus orientalis „Grand Maître" Blau

257. Hyacinthus orientalis „L'Innocence" Weiß

258. Iberis sempervirens, *Schleifenblume (Kreuzblütler)* ♃ ☼–◑ △ || ♧ ❧

Ideale niedrige, immergrüne Polsterpflanze (Halbgehölz) für den sonnigen Steingarten oder als Vorpflanzung vor höheren Stauden. Sorten: „Schneeflocke", Höhe 25 cm, „Zwergschneeflocke" Höhe 15 cm, Blüte 7/9.

259. Iberis umbellata cardinalis, *Rosarote Schleifenblume* ⊙

Wird zeitig im April ins Freie gesät, gut ausgedünnt bis auf 15 cm allseitigen Abstand. Geeignet für Steingarten und als blühende Kante an Wegen entlang oder vor höheren Stauden. Höhe 25 cm, Blüte 7/9.

260. Impatiens balsamina, *Fleißiges Lieschen, Balsamine (Balsaminengewächse)* ⊙

Schmucke, duftende Sommerblume, die entweder als fertige Pflanze aus der Gärtnerei bezogen wird oder an Ort und Stelle im Mai auszusäen ist. Bis auf 30 cm allseitigen Abstand ausdünnen. Es gibt schönblühende Arten: Kamellien-Balsaminen, Rosen-Balsaminen, Blütenbusch-Balsaminen. Höhe 70 cm, Blüte 7/10.

261. Incarvillea delavayi, *Freiland-Gloxinie (Bignoniengewächse)* ♃ ☼ △ ▭

Eine etwas empfindliche Staude, die zwar viel Feuchtigkeit, aber keine direkte Nässe liebt. Trockener Stand führt meist zu Winterschäden. Winterschutz aus Laub und Torfmull ist angebracht. Will warmen, sonnigen Platz. Höhe 60 cm. Incarv. compacta grandiflora wird 30–40 cm hoch, Blüte 5/6.

262. Ipomoea purpurea, *Trichterwinde (Windengewächse)* ⊙

Einjährige Schlingpflanze für Drahtzäune, Trennwände u. ä. Wächst rasch und blüht in vielen bunten Farben. Aussaat ins Freie mit 10 cm Abstand. Im Zimmer vorgezogene Pflanzen von Aprilsaat ergeben, nach den Maifrösten ausgepflanzt, schneller blühende Wände oder Veranden.

Ip. coerulea grandiflora, großblumige Winde mit strahlend blauer Blüte. Ip. imperialis, japanische Kaiserwinde. Blüte Ende 6/10.

263. Iris pumila, *Zwergiris, Zwergschwertlilie (Irisgewächse)* ♃ ☼ △ ▭ ||

Beliebte Einfassungspflanze, am schönsten zusammen mit Arabis, (Nr. 29-31) Aubrietia (Nr. 52-57), Alyssum (Nr. 7-8), Iberis (Nr. 258 bis 259) und Muscari (Nr. 316), Scilla (Nr. 432), Crocus (Nr. 134-137) u. ä. Polster- und Zwiebelblumen. Sorten: Iris pumila compacta, veilchenblau, Iris pum. cyanea, ultramarinblau, „Die Braut" weiß, Iris pum. sulphurea, schwefelgelb. Höhe 15–30 cm, Blüte 4/5.

264. Iris pseudacorus, *Heimische Sumpfschwertlilie (Irisgewächse)* ♃ ☼–◑ ≈

Große stattliche Blatt- und Blütenstaude für Naturgartenteile mit Uferpflanzung. Hier entwickelt sich die Pflanze am üppigsten. Jedoch kann sie auch in normaler Gartenerde bei geringerer Feuchtigkeit noch sehr gut gedeihen, ja selbst auf trockenem Sandboden, wobei sie allerdings an Üppigkeit einbüßt, dafür aber um so besser blüht. Höhe 100–150 cm. Blüte 6/7.

265. Iris reticulata, *Netzhautiris, Steppen-Iris* ♀ △ ▭ ✕
Heimat: Russische Steppen und Kaukasus. Dieser violettblaue Gartenedelstein mit dem goldgelb leuchtenden Blattfleck ist so schön, daß niemand die geringen Kosten und die kleine Mühe scheuen sollte, die Zwiebeln im Herbst anzuschaffen und zu setzen. Im Spätherbst manchmal schon erscheinen die grasartigen Blattschäfte, und es kann schon im Februar geschehen, daß ganz plötzlich solch ein Kleinod strahlend blüht und duftet. Höhe 20 cm, Blüte 3/4.

266. Iris sibirica, *Sibirische Schwertlilie* ♃ △ ▭ ≈ ✕
„Strandperle“ lichtblau, „Perry's Blue“ großblumig, klarblau, „Blue King“ reines Dunkelblau, I. sib. alba mit weißen Blüten. Alle Iris sib. haben schmales, grasartiges Laub, sind wenig anspruchsvoll an den Standort, lassen sich also überall im Garten unterbringen. Besonders reizvoll wirken sie mit ihrem Laub in Wassernähe, zusammen mit Hemerocallis (Nr. 245), Lythrum (Nr. 303) u. ä. Höhe 75–100 cm, Blüte 6/7, 5/qm.

267.–275. Iris germanica, *Deutsche Schwertlilie* ♃ ☼ – ◑ ▭ ✕
Es ist kaum möglich, von der unermeßlichen Fülle der Schwertliliensorten einen richtigen Überblick zu bekommen. Daher wurden hier neun Sorten abgebildet – herausgegriffen aus der Überfülle. Iris germanica eignet sich nicht nur als sehr dekorative Blatt- und Blütenpflanze für Staudenbeete, sie kann auch in landschaftlicher Pflanzung an trockenen Hängen oder auf sandigen Flächen im Verein mit Trockengräsern (grau und blau), mit grau- und silberlaubigen Trockenstauden stehen. Höhe 70 bis 100 cm, Blüte 5/7.

267. Iris germanica „Mme. Chereu“
Uralte Schwertlilie, reichblühend. Gute Beeterde! Höhe 80–100 cm.

268. Iris germanica „Mme. Gaudicheau“
Sehr große Blüten, spät. Höhe 100 cm.

269. Iris germanica „Clematis“
Ganz besonders reichblühend. Mittelfrühe Blüte.

270. Iris germanica „Flammenschwert“
Höhe 80 cm.

271. Iris germanica odoratissima (pallida)
Eine der schönsten in ihrer Farbe, sehr großblumig, Höhe 90 cm.

272. Iris germanica „La Beauté“
Himmelblau, Höhe 70–80 cm.

273. Iris germanica „Mrs. Neubrunner“
Steht am wirkungsvollsten zusammen mit roten und blauen Sorten. Höhe 100 cm.

274. Iris germanica „Rota“
Eine der schönsten roten Sorten, sehr reichblühend. Höhe 80 cm.

275. Iris germanica „Rheintraube“
Eine der reichblühendsten Sorten, sehr große Blüten. Höhe 80 cm.

276. Kniphofia hybrida „The Rocket“, *Fackellilie (Liliengewächse)* ♃ ☼ ⊥ ✕
Sehr wirkungsvolle Staude mit ihren orangerot leuchtenden starken Blütenkolben. Braucht Winterschutz durch Laubdecke, wobei aber das Herz der Pflanze frei bleiben muß. Zur Betonung des Ufers an künstlichen Wasserbecken oder an trockenen Ufern von natürlichen Gewässern geeignet. Bei nassem Stand ist die Freude an diesen dekorativen Stauden nur von kurzer Dauer!

277. Kniphofia hybrida „Royal Standard“

Gelb mit Scharlachrot, Höhe 100 cm, Blüte 7/9.

278. Kochia trichophylla, *Sommerzypresse (Gänsefußgewächse)* ⊙
Beliebte lichtgrüne Einjahrspflanze, deren Wuchsform und Farbe gern im Sommerblumengarten verwendet wird. Zum Herbst färbt sich die kuglige Pflanze brennend weinrot. Die Kochia childsii behält auch im Herbst ihre lichtgrüne Färbung. Höhe 100 cm.

279. Lathyrus odoratus hybridus, *Edelwicke (Schmetterlingsblütler)* ⊙ △ ✂
Überall bekannte liebenswerte einjährige Rankenpflanze. Aussaat ins Freie. Nach dem Aufgehen der Saat ausdünnen bis auf 15–20 cm Abstand in der Reihe. In Folgesaaten gesät, können wir bis in den späten Herbst immer wieder große Sträuße der duftenden Blüten ernten. Reichliche flüssige Düngung mit aufgelöstem Volldünger oder dünner Geflügeljauche, dazu Wässern bei Trockenheit und reichlicher Schnitt, der den Samenansatz verhindert, führen zu besonders üppiger Entfaltung. Zu empfehlen die „Spencer“ Rasse. Sehr früh, langstieliger und unempfindlicher gegen Hitze ist die Rasse „Cuthbertson“.

280. Lathyrus latifolius, *Platterbse (Schmetterlingsblütler)* ♃ ⊙ ✂
Staudige rankende Wicke, wie Nr. 279, nur ohne Duft.

281. Lathyrus vernus (Orobus vernus), *Frühlingswaldwicke (Schmetterlingsblütler)*
♃ ◑–● △ 🐝
Dem Naturfreund eine unentbehrliche Frühlingsstaude in naturhaftem Gartenteil zu Waldmeister, Salomonssiegel (Nr. 390), Maiglöckchen (Nr. 129), Farnen, Einbeere im Gehölzschatten und unter hohen Waldbäumen. Höhe 30–40 cm, Blüte 3/5.

282. Lavatera thuringiaca, *Thüringische Buschmalve, Sommerpappel (Malvengewächse)*
♃ ☼–◑ ⊥ ▭ ✂
Heimische, 1,50 m hohe aufrechte Pflanze, ähnlich der bekannten Stockrose. Im Garten in Einzelstellung wirksam oder in Gruppen vor Gehölz. Blüte 7/9.

283. Leontopodium alpinum, *Edelweiß (Korbblütler)*
♃ ☼ △ ✂
In mehreren Arten in den Gärten vertreten. Bei falschem Stand und nahrhaftem, gedüngtem Boden verlieren die Blätter und Blüten den charakteristischen weißen Filz und werden grün. Volle Sonne, trockener, magerer, ungedüngter Boden sind Voraussetzung für erfreuliche Blüten. Höhe 20 cm, Blüte 6/8.

284. Leucojum vernum, *Märzbecher (Amaryllisgewächse)*
♀ ☼–◑ ✂ 🐝
Bekannte Zwiebelblume; irrtümlich oft mit dem Schneeglöckchen verwechselt. Ist etwas derber und später. Unter lichtem Gehölz mit Crocus (Nr. 134–137), Muscari (Nr. 316) und anderen Zwiebelblühern und Waldbodendeckstauden anzusiedeln. Immer mehrere Zwiebeln legen. Höhe 15–20 cm, Blüte 3/4.

285. Liatris spicata, *Prachtscharte (Korbblütler)* ♃ ☼ ⊥ ✂ 🐝
Sehr eigenwillige Staude mit Lampenputzer-Blütenähren. Im Garten für sich, mit Gräsern oder im Staudenbeet eine stets auffallende Blütenpflanze. Eigentümlich ist auch das Aufblühen der Blütenähren von oben nach unten. Höhe bis 100 cm, Blüte 7/9. Die Sorte „Kobold“ in allem zierlicher und nicht so hoch.

286. Lilium candidum, *Weiße Madonnenlilie (Liliengewächse)*
♀ ☼ ⊥ ✂
Bekannte Lilie der alten Gärten. Zwiebeln werden im Herbst gelegt.

Auf nassen Böden Sand unter die Zwiebeln als Drainage. Gedeihen am besten in etwas kalkhaltigem, lehmigem Boden. Höhe 80–150 cm, Blüte 6/7.

287.–288. Lilium martagon, *Türkenbundlilie* ♀ ◐–● ⊥ ✂
Heimische, leider immer seltener gewordene Waldpflanze von starkem Duft. In naturhafter Pflanzung in Lichtungen im Gehölz und auf kalkhaltigem Boden, der humusreich sein soll. Weiße und dunkelrote Abarten. Höhe 80–150 cm, Blüte 6/7.

289. Lilium regale, *Königslilie* ♀ ⊥ ✂ ▭
Stattliche vieltraubige und großblumige Gartenlilie. Höhe 80–150 cm, Blüte 7/8.

290. Lilium tigrinum, *Tigerlilie* ♀ ⊥ ▭ ✂
Am besten die Abart „splendens" mit dunklerer Farbe und stärker gefleckt. Prachtvolle, malerische Gartenlilie, ohne große Ansprüche an den Boden. Er soll sandig humos, fast heideartig locker sein. Jungzwiebeln in den Blattachseln. Höhe 150 cm, Blüte 7/8.

291. Lilium davuricum (umbellatum), *Feuerlilie* ♀ ⊥ ▭ △ ✂
Bekannteste Bauernlilie in vielen Sorten. Anspruchslos an den Boden, wenn er nur feucht genug und – wie es sich bei allen Lilien empfiehlt – durch Bodenvegetation etwas beschattet ist. Steht ausgezeichnet mit Rittersporn (Nr. 183–189) zusammen! Höhe 60–80 cm, Blüte 6/7.

292. Lilium davuricum (umbellatum) „Golden Fleece", *Feuerlilie*
Goldgelb–orange, sonst wie Nr. 291.

293. Linaria pallida, *Abruzzen-Leinkraut (Rachenblütler)* ♃ ☼–◑ △ ‖ ❧
Polsternde, spinnende Pflanze zum Überwachsen von Steinmauern oder zur Trümmerberankung. Duftender Blütenteppich! Blüte 7/8.

294. Linum narbonnense, *Staudenlein (Leingewächse)* ♃ ☼ △ ▭
Liebenswerte lichtblaue Staude für leichte Böden im Stein- oder im Staudengarten. Für naturhafte Gartenteile hervorragend mit Gräsern, Wildrosen und Nachtkerzen zu verwenden. Höhe 60 cm, Blüte 7/8.

295. Linum grandiflorum, *Roter Lein* ⊙ △
Aussaat im April. Später ausdünnen. Schön im Steingarten und in den ersten Jahren im noch mageren Staudenbeet. Höhe 40 cm, Blüte 7/8.

296. Lobelia compacta pumila splendens, *Männertreu (Glockenblumengewächse)* ⊙ ‖
Bekannte enzianblaue Sommerblume der Gärten.
Sorten: „Kaiser Wilhelm", „Kristallpalast". Fertige Pflanzen aus der Gärtnerei. Höhe 10–20 cm, Blüte Ende 6/9.

297. Lobelia hybrida pendula, *Hängende Ampel-Lobelie*

298. Lupinus polyphyllus, *Lupine, Wolfsbohne (Schmetterlingsblütler)* ♃ ☼ ⊥ ▭ ✂
Wirkungsvolle Gartenstauden im Staudenbeet oder in freier, natürlicher Pflanzung in Blau und Weiß. Stehen sehr gut mit Staudenmohn (Nr. 349–351) zusammen. Begehrt sind die „Russel-Sorten". Abb. von links nach rechts: „Lilac Queen", „Maharani", „Blue Jacket", „City of York", „Golden Queen", „Lilac Time". Alle Lupinen sollten zur Vorsicht stets eine leichte Winterdecke aus Laub und Fichtenreisig erhalten, besonders die gelben Sorten, da sie wintergefährdet sind. Höhe 100–150 cm, Blüte 6/8, 5/qm.

299. Lychnis chalcedonica, *Brennende Liebe (Nelkengewächse)* ♃ ☼ ▭ ✂

Ein Garten ohne „Brennende Liebe“ ist fast ein wenig arm. Im Verein mit goldgelber Schafgarbe (Nr. 1), weißer Schafgarbe (Achillea ptarmica) und Rittersporne (Nr. 183–189) im Hintergrund wird die strahlende Leuchtkraft dieser roten Staude ganz besonders hervorgehoben. Höhe 100 cm, Blüte 6/7.

300. Lychnis tomentosa coronaria, *Lichtnelke* ♃ ⊙ ▭ △
Weißfilzige Blätter, purpurfarbene, einzelne Blüten. Höhe 60–80 cm, Blüte 6/7.

301. Lysimachia nummularia, *Pfennigkraut (Primelgewächse)* ♃ ☼–◑ △ ≈ ▬
Unverwüstliche, vitale Bodendecke an feuchten Ufern, im Halbschatten unter Bäumen. Höhe 30–40 cm, Blüte 6/7. Im Garten Vorsicht, da stark wuchernd!

302. Lysimachia punctata, *Gilbweiderich, Felberich* ♃ ☼–◑ ▭ ✂ ≈
Höhere Staude für naturhafte Gartenteile auch in stärkerem Baumschatten, für Uferpartien, besonders erfreulich durch die lange anhaltende gelbe Blüte. Höhe 70–100 cm, Blüte Ende 6/8.

303. Lythrum virgatum „Rose Queen“, *Blutweiderich (Weiderichgewächse)* ♃ ☼–◑ ▭ ≈ 🐝
Dankbarer Dauerblüher im Staudenbeet, typische Uferpflanze an Wasserbecken oder natürlichen Gewässern. Höhe 80–150 cm, Blüte 7/Anfang 9.
Sehr wirkungsvoll auch Lythrum hybridum „Robert“ mit lachskarminroten „Katzenschwänzen“. Höhe 60–80 cm, Blüte 7/9.

304. Macleya cordata (Bocconia), *Federmohn, Bocconie (Mohngewächse)* ♃ ☼–◑ ⊥ ▭ ✂ 🐝
Wo der verständliche Wunsch eines jungen Gartenbesitzers nach schnellem Sichtschutz oder Verdecken häßlicher Aussichten rasch erfüllt werden soll, muß der Federmohn als Hecke am Zaun entlang gepflanzt oder als breite Gruppe herhalten. Er erfüllt diese Aufgabe bereits im Jahr nach der Pflanzung. In tropenhafter Üppigkeit entfaltet er unzählige seiner grau-blauen Riesen-Feigenblätter. Aber nicht nur als Lückenbüßer sollten wir diese prachtvolle und vor Lebenskraft überschäumende Blatt- und Blütenstaude wählen. In Einzelstellung oder an markanten Stellen zu einem Haus, im Hintergrund einer größeren Staudenrabatte oder am Ufer mit Hosta (Nr. 250–251), Miscanthus-Gräsern – überall erzielen wir ungeahnte Wirkungen. Höhe 200–250 cm, Blüte 7/9.

305. Malope trifida, *Trichtermalve (Malvengewächse)* ⊙ ✂
Einjährige, üppig und reich blühende Pflanze, die im April auf das Standbeet ausgesät, später ausgedünnt wird und im Sommer rot, rosa und weiß blüht. Höhe 90 cm, Blüte 7/10.

306. Matricaria compacta, *Mutterkraut, Edelkamille (Korbblütler)* ⊙
Sorten: „Goldball“ und „Schneeball“, beide mit pomponartigen Blüten, gedrungen wachsend. Für Wegekanten oder auch als Tuffs im Staudenbeet. Höhe 20–25 cm, Blüte 7/10. Gekaufte Jungpflanzen verwenden.

307. Matthiola annua, *Sommerlevkoje (Kreuzblütler)* ⊙ ✂
Allbekannte, beliebte, duftende Sommerblume, deren Jungpflanzen wir aus der Gärtnerei beziehen. Höhe 60–70 cm, Blüte 6/9.

308. Mimulus luteus cupreus „Roter Kaiser“, *Gauklerblume (Rachenblütler)* ♃ ☼–◑ ≈ △ ▭
Empfindliche Staude von großer Leuchtkraft und Schönheit, besonders, wenn sie als größere Uferpflanzung angewendet wird. Win-

terschutz oder Überwintern im Frühbeetkasten. Höhe 15 cm, Blüte 6/9.

309. Mimulus luteus tigrinus grandiflorus, *Gauklerblume* ⊙
Farbenfrohe Sommerblume, die ins Freie auf sehr feine, humusreiche Gartenerde gesät wird. Noch besser Anzucht im kalten Kasten und Auspflanzen nach den Maifrösten. Höhe 30 cm, Blüte Ende 5/10

310. Meconopsis simplicifolia (betonicifolia) baileyi, *Scheinmohn (Mohngewächse)* ♃ ◑ ⊥ △ ▭
Für schattige Plätze im Steingarten oder unter lichtem Gehölz. Meist nur zweijährig! Höhe 30–40 cm, Blüte 6/8.

311. Menyanthes trifoliata, *Bitterklee, Fieberklee (Enziangewächse)* ♃ ≈
Uferstaude in 10 cm Wassertiefe, mit kleeähnlichem, dunkelgrünem, ledrigem Dreiblatt und kriechendem Wurzelstock. Teilung im Mai. Höhe 20–30 cm über dem Wasser, Blüte 5/7.

312. Montbretia aurea (Tritonia), *Montbretie (Irisgewächse)* ♃ ☼–◑ ✂
Altbekanntes Knollengewächs. Da sie in harten Wintern völlig ausfrieren, sollen immer einige Knollen im Keller aufgehoben werden. Höhe 60–100 cm, Blüte 8/10.

313. Monarda didyma, *Indianernessel, Riesenbalsam (Lippenblütler)* ♃ ☼ ▭ ✂
Noch viel zuwenig verbreitete, wunderbar blühende Staude, deren aromatische, nach Thymian duftende Blätter den Reiz der Pflanze noch erhöhen. Am schönsten die leuchtendrote „Cambridge Scarlet" und die hellrot-lachs „Prärieglut". Sie lieben auf schweren Böden reichlichen Sandzusatz. Höhe 100–150 cm, Blüte 7/9, 5/qm.

314. Myosotis palustris, *Sumpfvergißmeinnicht (Borretschgewächse)* ♃ ☼–◑ ≈ ✂
In seiner großblumigen, dunkelblauen Sorte „Thüringen" als reichblühender Teppich am Rande von Teichen und Bächen und im seichten Wasser mit Ufer- und Sumpfstauden zusammen, an feuchten Stellen unter lichtem Gehölz. Höhe 20–30 cm, Blüte 5/9.

315. Myosotis palustris „Perle von Rönneberg", *Vergißmeinnicht*
Beliebte Sorte, Verwendung wie Nr. 314.

316. Muscari botryoides, *Traubenhyazinthe (Liliengewächse)* ⚘ △ ▭ ✂
Bekannter Frühlingsblüher, der am wirksamsten in großen Horsten gemeinsam mit anderen Zwiebelblumen und Primeln, zwischen Polsterstauden und am Rande größerer Staudenbeete oder mit Schneeglöckchen (Nr. 220), Märzbechern (Nr. 284), Crocus (Nr. 134 bis 137), Vinca (Nr. 846-848) am Rande lichter Gehölze angepflanzt wird. Höhe 20–30 cm, Blüte 3/4.

317.–324. Narcissus, *Narzisse (Amaryllisgewächse)* ⚘ ▭ △ ✂
Diese Zwiebelblumen nehmen fast den gleichen Platz in den Gärten ein wie die Tulpen. Überall, wo vor dunklem Nadelgehölz oder vor immergrünen Gehölzen ein freier Platz ist, sollten wir einen Trupp von Narzissen unterbringen. Aus der unermeßlichen Fülle von Arten und Sorten seien im Folgenden nur einige herausgegriffen. Pflanzzeit: September/November. Pflanztiefe: 10–15 cm. Höhe 40–50 cm, Blüte 4/5.

317. Narcissus trianthus „Thalia", *Tazette*
Mit 3–4 Blüten am Stiel. Paßt gut zu anderen farbigen Zwiebelblumen.

318. Narcissus poetaz „Scarlet Gem“, *Straußennarzisse*

319. Narcissus poetaz „Laurence Koster“, *Straußennarzisse*

320. Narcissus poeticus „Actea“, *Dichternarzisse*

321. Narcissus incomparabilis „Scarlet Elegance“, *Halbtrompeten-Narzisse, Echte Narzisse*

322. Narcissus pseudo-narcissus „Golden Harvest“, *Trompeten-Narzisse*

323. Narcissus pseudo-narcissus „Spring Glory“, *Trompeten-Narzisse*

324. Narcissus pseudo-narcissus „Van Sion“, *Gelbe gefüllte Narzisse*

325. Nemesia strumosa, *Elfenspiegel (Rachenblütler)* ⊙ △
Ähnlich in Kultur, Aussehen und Anspruch wie Nr. 309.

326. Nemophila insignis, *Hainblume (Wasserblattgewächse)* ⊙
Blütenrasen von himmelblauen Blüten. Halbschatten. Kann schon im Herbst oder im frühen Frühjahr auf gut vorbereitete Beete ausgesät werden. Auch für niedrige blaue Inseln im Staudenbeet am Rande geeignet. Höhe 20 cm, Blüte 7/8.

327. Nepeta mussinii, *Katzenminze, Silberminze (Lippenblütler)* ♃ ☼ △ ▭ ❦ ||
Bekannte dauerblühende niedrige Blütenstaude für trockene Standorte, für große Flächenbepflanzung, in natürlicher Abwechslung zu großen Polyantharosenflächen, gemeinsam mit Gräsern und Rittersporнen (Nr. 183-184). Höhe 25–30 cm, Blüte 5/9.

328. Nicotiana sanderae, *Duftender Ziertabak (Nachtschattengewächse)* ⊙
Dunkelkarmin, weithin duftend. Empfehlenswert ist auch der ganztägig blühende weiße Nicot. alata (affinis). Aussaat im März in Schalen im Zimmer, mehrfach pikieren, nach den Maifrösten auspflanzen. Später sät er sich im Garten stets von selbst aus. Höhe 90–120 cm, Blüte 7/9.

329.–330. Nigella damascena plena, *Jungfer im Grünen (Hahnenfußgewächse)* ⊙ ✂
Altbekannte Einjahrsblume der Bauerngärten. Herbstaussaat verfrüht die Blüte, sonst Frühjahrssaat im April. Höhe 35 cm, Blüte 6/7.

331.–334. Nymphaea, *Seerose (Seerosengewächse)* ♃ ☼ ✂
Traum eines jeden Gartenfreundes: Seerosen in allen bunten Farben von Weiß bis zum dunkelsten Karminrot! So märchenhaft sie auch erscheinen, so einfach sind sie in jedem Garten anzusiedeln. Nur muß die Sorte der jeweiligen Wassertiefe angepaßt sein, da sie sonst leicht ein zu flaches Becken mit ihren Laubmassen überwuchert und ihm damit seine Wirkung nimmt.
Die Pflanzung erfolgt ab Ende April bis Ende Mai. Pflanzstelle 3–4 cm hoch mit gewaschenem Kies abdecken, zuerst nur wenig Wasser einlassen, ca. 10 cm über der Pflanze, daß sie im rasch erwärmten Wasser schneller anwurzelt und treibt. Später langsam weiter auffüllen.
Erde: Kalkarme, sandige Lehm- oder Ackererde, ohne unverrottete Düngerstoffe. Hornmehl in die Erde geben.
Einwintern: In Becken, die nicht abgelassen werden, verbleiben die Pflanzen ohne Maßnahmen. In abgelassenen Becken werden die Seerosen im Grund mit einer 20–30 cm hohen Torfmull-Laubdecke eingeschüttet. Zum Schutz gegen das Fortfliegen der Deckschicht mit Fichtenreisig abdecken. See-

rosen in Pflanzgefäßen kommen in einen kühlen Keller (nicht Heizungskeller!), wo sie mit feuchtem Torf oder Moos eingedeckt und mäßig feucht gehalten werden. Blüte 6/9.

331. Nymphaea odorata „Rosennymphe“
Duftende großblumige Sorte. 60–90 cm Wassertiefe, größere Wasserfläche.

332. Nymphaea alba, *Weiße Seerose*
60–90 cm Wassertiefe und tiefer, größere Wasserfläche.

333. Nymphaea marliacea chromatella, *Gelbe Seerose*
60–90 cm Wassertiefe, größere Wasserfläche.

334. Nymphaea laydeckeri purpurata, *Karminrote Zwergseerose*
40–60 cm Wassertiefe.
Andere Zwergsorten für kleinere Becken: „Graciella“, kupfriges Gelb mit Rosa, „Sioux“, kupferrosa mit braunrot marmoriertem Laub, N. pygmaea alba, weiße Zwergseerose.

335. Oenothera glauca, *Nachtkerze (Nachtkerzengewächse)* ♃ ☼ △ ▭ ✂ ❀
Eine der erfreulichsten, kniehohen Blütenpflanzen für alle Verwendungszwecke, Dauerblüher. Werden in ihrer Farbwirkung durch blaue Nachbarpflanzen, Veronica-Arten und -Sorten, besonders in der Farbwirkung gesteigert. Höhe 50 cm, Blüte 5/8.

336. Oenothera missouriensis, *Kriechende Nachtkerze*
Ausgezeichnete Steingartenpflanze und geeignet zur Pflanzung vor hohen Stauden. Mit niedrigen Campanula carpatica (Nr. 91) in Blau und Weiß gedeiht sie besonders gut. Höhe 15–20 cm, Blüte 6/10.

337. Omphalodes verna, *Gedenkemein, Waldvergißmeinnicht (Borretschgewächse)* ♃ ◑–● ≈ △ ▭
Ausgezeichnete Bodendeckstaude im frischen, halbschattigen Gartenboden bei genügender Feuchtigkeit. Wirkt in größeren Flächen wohltuend schön, auch an Ufern oder Teichrändern. Höhe 10–15 cm, Blüte 3/5, 10/qm.

338. Ornithogalum nutans, *Balkan-Milchstern (Liliengewächse)* ⚲ △
Für Steingarten und Naturgartenteile zum Verwildern. Dankbarer Blüher. Zwiebeln im September 7–8 cm tief legen, Abstand voneinander 10–15 cm. Höhe 25–40 cm, Blüte 4/6.

339.–347. Paeonia albiflora, *Pfingstrose (Hahnenfußgewächse)* ♃ ☼ ⊥ ▭ ✂ ❀
Vor undenkbaren Zeiten schon kultivierten die Chinesen diese Staude. Im Lauf der Jahrhunderte hat sie gewiß nichts an Beliebtheit eingebüßt. Nicht zu tief, nur etwa 4–6 cm sollen die Augen mit Erde bedeckt sein. Gute, abgelagerte und nährkräftige Gartenerde, der man später immer alte Komposterde, Hornspäne und, so man hat, altverrotteten Kuhmist beigibt, ist der beste Wurzelboden für diese hochedlen Blütenpflanzen. Dann soll man sie an ihrem sonnigen Stand über viele Jahre ungestört und unverpflanzt lassen. Prachtvolle Einzelstauden mit ungezählten mächtigen Blumen werden es lohnen. Höhe 70–80 cm.

339. Paeonia albiflora „Maréchal Mac Mahon“, *Edelpäonie*

340. Paeonia albiflora „Königin Wilhelmine“, *Edelpäonie*

341. Paeonia albiflora „Marie Lemoine“, *Edelpäonie*

342. Paeonia officinalis rosea plena, *Rosa gefüllte Bauernpfingstrose*

343. Paeonia officinalis rubra plena, *Rote gefüllte Bauernpfingstrose*

344. Paeonia albiflora „Kasha-nomai“, *Japanische Pfingstrose*
Ungefüllt, mit besonders durchgezüchteten dicken, goldgelben Staubblättern

345. Paeonia albiflora „Kasanejishi“ (Doppelter Löwe), *Japanische Pfingstrose*

346. Paeonia albiflora „Whitley major“, *Einfache Pfingstrose*

347. Paeonia albiflora „Avalanche“ (Albâtre), *Edelpäonie*

348. Papaver nudicaule, *Islandmohn (Mohngewächse)*
♃ ☼ ⋀ ✂ ||
Was gibt es Lustigeres als eine farbenfrohe Wegeeinfassung von Islandmohn oder bunte zwanglose Inseln davon zwischen den Steingartenstauden oder vorn im Staudenbeet? Trocken, sandig, sonnig und mager, so steht er am besten und am dauerhaftesten. Durch Aussaat im Herbst oder im zeitigen Frühjahr leicht in Mengen zu vermehren. Höhe 30–40 cm, Blüte 5/10.

349.–351. Papaver orientale, *Staudenmohn (Mohngewächse)*
♃ ☼ ▭ ✂ ❀
Auch als Türkenmohn bezeichnete prächtige feuerrote Gartenstaude für warme, sonnige Gartenplätze auf durchlässiger Erde, oder bei schwerem, mit Sand versetztem Boden. Höhe 80–120 cm, Blüte Ende 5/6. Die Abb. zeigen von oben nach unten die Sorten **„Sturmfackel“**, **„Watermelon“**, **„Prinzeß Viktoria Luise“**.

352. Papaver somniferum plenum, *Schlafmohn, Opiummohn (Mohngewächse)* ⊙ ☼ ✂
Will leichte, durchlässige Erde in voller Sonne. Durch Herbstaussaat oder zeitige Saat im Frühjahr leicht zu ziehen. Gut ausdünnen, damit die einzelnen Pflanzen Licht und Raum bekommen. Dankbare Schnittblume. Höhe 90 cm, Blüte 7/9.

353.–354. Papaver somniferum „Danebrog“
Einfach, mit gefranster Blüte, rot mit weiß. Höhe 90 cm, Blüte 7/9.

355.–364. Pelargonium peltatum, *Efeu- oder Hängepelargonie (Storchschnabelgewächse)* ⊔
Weltbekannte Balkonkastenpflanzen sind die Pelargonium-Arten Pel. peltatum und Pel. zonale. Andere, wie Pel. grandiflorum, Edelpelargonie, sind begehrte und dankbare Blütenpflanzen für das Zimmerfenster. Nach den Maifrösten werden die fertigen Pflanzen aus der Gärtnerei bezogen. Sie kommen in gute, durchlässige, aber nicht zu leichte Gartenerde, der noch Hornspäne zugesetzt werden.

355. Pelargonium peltatum „Cattleya“

356. Pelargonium peltatum „Mme. Crousse“

357. Pelargonium peltatum „Balkonkönigin“

358. Pelargonium peltatum „L'Etincelant“

359. Pelargonium zonale, *Zonal- oder Rundblattpelargonie* ⊔
„Volkskanzler“, auch zur Bepflanzung von großen Pflanzschalen im Freien oder für dauerblühende, leuchtende Beete.

360. Pelargonium zonale „Radio“

361. Pelargonium zonale „Purpurkönigin“

362. Pelargonium zonale „Leif“

363. Pelargonium zonale „Wunderkind“

364. Pelargonium zonale „Mme. Salleron“

365. Pentastemon barbatus (Chelone barb.), *Bartfaden (Rachenblütler)* ♃ ☼–◑ ▭ ✂ ❀
Eine der schönsten Blütenstauden in Scharlach, Violett, Rosa und

Weiß. Höhe 120–150 cm, Blüte 6/8.

366. Pentastemon gentianoides grandiflorus, *Großblumiger Bartfaden* ⊙
Vermehrung aus Stecklingen oder Januaraussaat im Gewächshaus. Ausgezeichnete Schnittblume und zum Ausfüllen abgeblühter Stellen in Staudenbeeten. Höhe 50–60 cm, Blüte 7/9

367. Petunia hybrida nana „Himmelsröschen“, *Petunie (Nachtschattengewächse)* ⊙
Petunien sind altbekannte Balkon-, Ampel- und auch Rabattenpflanzen in großen Parkanlagen und Gärten oder in Tuffs vor höheren Sommerblumen. Gekaufte Pflanzen nach Mitte Mai auf lockere, humose Gartenerde auspflanzen. Höhe 20–30 cm, Blüte 7/10.

368. Petunia hybrida nana „Admiral“

369. Petunia pendula violacea, *Rathauspetunie*

370. Petunia fimbriata „Gottfried Michaelis“, *Gefranste Petunie*

371. Phlox drummondii, *Sommerphlox (Himmelsleitergewächse)* ⊙ △ ✂
Beliebte bunte Einfassungspflanze. Entweder gekaufte, gedrungene Jungpflanzen auspflanzen (Mai) oder direkt auf das Standbeet rechtzeitig Ende April aussäen. Höhe 30–40 cm, Blüte 7/9.

372.–381. Phlox paniculata, *Flammenblume, Herbstflieder* ♃ ☼ ▭ ✂
Von Juni bis zum September verdanken unsere Gärten dieser prachtvollen Staudenart mit ihren unzähligen Sorten die imponierendsten Farbenklänge. Gutkultivierte Gartenerde mit nicht zu hohem Kalkgehalt (Torfmull zusetzen!) sagt der Staude am meisten zu. Höhe 70–100 cm, Blüte Ende 6/9.

372. Phlox paniculata „Frau Alfred von Mauthner“ (Spitfire)

373. Phlox paniculata „Abenddämmerung“

374. Phlox paniculata „Jules Sandean“ (Württembergia)
Alte Sorte

375. Phlox paniculata „Landhochzeit“

376. Phlox paniculata „Puderquaste“

377. Phlox paniculata „Spätrot“

378. Phlox paniculata „Fridjof“

379. Phlox paniculata „Schneerausch“

380. Phlox paniculata „Wilhelm Kesselring“

381. Phlox paniculata „Pastorale“

382. Phlox subulata, *Teppichphlox* ♃ ☼ △ ▭ ||
Beliebte Frühlingsstaude für Wegekanten, Steingarten u. ä., die mit den bekannten Frühlings-Polsterstauden schöne Farbabstimmungen ermöglicht. „Maischnee“ rein weiß, Höhe 15–25 cm, Blüte 4/5.

383. Phlox subulata atropurpurea

384. Phlox subulata „G. F. Wilson“

385. Phlox subulata „Sensation“

386. Physostegia virginiana (Dracocephalum), *Gelenkblume, Falscher Drachenkopf (Lippenblütler)* ♃ ☼ ≈ ▭ ✂
Die Blüten haben bewegliche Gelenke und lassen sich in der Blütenähre bewegen. Sehr interessante und erfreuliche Staude für die späten Herbstmonate. Sorte „Vivid“ leuchtend weinrot, Höhe 60 cm, Blüte 9/10.

387. Phytolacca americana, *Kermesbeere (Kermesbeerengewächse)* ♃ ☼–◑ ⊥
Wird 150–200 cm hoch, hat roten Stengel, ovale Blätter, weiße Blütenkerzen, aus denen sich später

die dunklen Früchte entwickeln. Gute Gartenerde. Blüte 6/10.

388. Polemonium coeruleum, *Sperrkraut, Himmelsleiter (Himmelsleitergewächse)* ♃ ☼–◑ ▭ ✂ ❦

Blütenstaude für das Staudenbeet, noch mehr aber ist es in lockerer Pflanzung vor Gehölzen im Verein mit Halbschatten liebenden Stauden, wie Doronicum (Nr. 202), Aruncus (Nr. 35) u. ä., anzusiedeln. Höhe 80 cm, Blüte 6/7 und 9. Wichtig sind auch die niedrigeren Arten, die mit ihren blauen Farben gerade im Steingarten wirksam werden, wie Polemonium richardsonii mit Abarten und Sorten, die bereits im April/Mai und dann noch einmal im Juni/Juli blühen. Höhe 30–40 cm.

389. Polemonium reptans

Kriechende Art für schattigen, feuchten und humosen Platz im Steingarten. Höhe 25–30 cm, Blüte 5/7.

390. Polygonatum multiflorum, *Salomonssiegel (Liliengewächse)* ♃ ◑–● ⊥ △

Heimische Pflanze des schattigen Waldbodens. Gemeinsam mit Maiglöckchen (Nr. 129), Waldmeister, Lungenkraut (Nr. 406), Farnen ist es eine sehr wirkungsvolle Staude auch im lichten Gartengehölz. Im Herbst hängen schwärzlich-blaue Früchte an den Blattwedeln. Höhe 60–80 cm, Blüte 5/6.

391. Polygonum bistorta, *Wiesenknöterich (Knöterichgewächse)* ♃ ☼–◑

Diese heimische Wiesenstaude läßt sich im Garten in größeren naturhaften Anlagen ausgezeichnet an feuchten Standorten verwenden. Selbst im Staudenbeet kann sie ihren Platz finden. Höhe 90 cm, Blüte 6/8. Im Garten gefälliger unterzubringen, besonders auch im Steingarten, ist das bodenbedeckende Polygonum affine mit seinen lustigen rosa bis tiefroten Lampenputzerblüten. Höhe 15 cm, Blüte 7/10.

392. Potentilla atrosanguinea, *Fingerkraut (Rosengewächse)* ♃ ☼ △ ▭ ✂

Staude für den Vordergrund von Staudenbeeten und im Steingarten mit der Sorte „Gibson's Scarlet". Höhe 40–60 cm, Blüte 6/8, 4–8/qm.

393. Potentilla aurea, *Gold-Fingerkraut* ♃ ☼ △

Dankbare Steingartenstaude, Höhe 15 cm, Blüte 5/6.

394. Potentilla nepalensis „Miss Wilmott", *Indisches Fingerkraut* ♃ ☼ △ ▭

Steingartenpflanze in voller Sonne. Leichter Winterschutz angebracht. Für feuchte Wiese, an Wasserufern in feuchtem Stand, aber nicht naß im Winter. Höhe 40 cm, Blüte 7/9.

395. Primula beesiana, *Etagenprimel (Primelgewächse)* ♃ ◑ ≈ ❦

Höhe bis 75 cm. Blüte 6/8.

396. Primula denticulata, *Kugelprimel* ☼–◑ △ ▭ ≈

Sehr schöne und wirkungsvolle Staude für den Liebhaber. In der Sonne verlangt sie einen frischen, guten Gartenboden mit genügend Feuchtigkeit, im Halbschatten auf gutem Boden gedeiht sie am sichersten. Blüte erscheint vor dem Laub. Höhe 30–40 cm, Blüte 3/5.

397. Primula florindae, *Hohe Tibetprimel* ☼–◑ ≈

Wie Nr. 395 mit Torfmullzusatz anzupflanzen. Höhe 75–100 cm, Blüte 6/8.

398.–400. Primula elatior gigantea hybrida, *Großblumige Gartenprimel* ♃ ☼–◑

Bekannte und beliebte Blütenstaude, die in jedem normalen Gartenboden gedeiht, wenn er nur frisch und humushaltig ist. Durch

Verbesserung mit Torfmull lassen sie sich auf jedem Boden gut unterbringen. Höhe 25 cm, Blüte 3/5.

401. Primula japonica, *Karminrote Japanprimel*
Mit vielen Abarten und Sorten. Wie Nr. 396 anzupflanzen. Höhe 40–50 cm, Blüte 5/7.

402. Primula sieboldii, *Primel* ◑ ≈
Wie Nr. 396, Höhe 30 cm, Blüte 4/6.

403. Primula pruhoniciana „Gartenglück", *Polsterprimel*
Auch als Pr. helenae bezeichnet. Sehr beliebte Polsterstaude als Vorpflanzung zu lichtem Gehölz, vor Rhododendron (Nr. 727-737), aber auch im Vordergrund des Staudenbeetes oder im Steingarten als Blütenrasen an halbschattigen Stellen. Höhe 15–20 cm, Blüte 3/5.

404. Primula pruhoniciana „Wanda"
Wie Nr. 403. Höhe 15–20 cm, Blüte 3/5.

405. Primula variablis (Pr. anglica), *Gartenprimel*
Höhe 40 cm, Blüte 4/5.

406. Pulmonaria angustifolia azurea, *Himmelblaues Lungenkraut (Borretschgewächse)*
♃ ◑–● △ ▭ ❦
Eine zwar bescheidene, aber wegen ihrer frühen blauen Blüte wertvolle und erfreuliche Halbschatten- bis Schattenstaude. Als Bodenbegrüner unter lichtem Gehölz und Immergrünen im Verein mit anderen Waldbodenstauden unentbehrlich. Die Blüten sind bis zur Bestäubung karminrot und werden später enzian- bis himmelblau. Eine lebhaft silbergefleckte Art ist Pulmonaria saccharata „Mrs. Moon", Blüte leuchtend rot, dann verblauend. Höhe 30 cm, Ende 3/5.

407. Pulsatilla vulgaris (Anemone), *Küchenschelle, Kuhschelle (Hahnenfußgewächse)*
♃ ☼–◑ △ ✂
Reizende violettblaue Frühlingsstaude für den Liebhaber feiner Wildstauden. Liebt sandige Humuserde in sonniger Lage. Höhe 30 cm, Blüte 4/5.

408. Reseda odorata, *Reseda, Wau (Resedagewächse)*
⊙ ‖ ✂ ❦
Altbekannte und beliebte Einfassungspflanze mit wunderbarem Duft! Prachtmischung neuerer Sorten verwenden! Höhe 30–40 cm, Blüte 6/8.

409. Ranunculus asiaticus, *Gartenranunkel (Hahnenfußgewächse)* ♀ △ ✂
Dankbare Knollenpflanze. Die klauenartigen Knöllchen kommen Ende April in den Boden. Höhe 30–40 cm, Blüte 5/6.

410. Ricinus communis sanguineus, *Blutroter Wunderbaum, Palma Christi, Rizinus (Wolfsmilchgewächse)* ⊙ ⊥ ♧
Imponierende Einjahrsblume, wobei den Blüten dieser gewaltigen Pflanze keine Bedeutung zukommt, sondern den zierenden großen Blättern und der gesamten Erscheinung. Anzucht aus Samen, die einzeln im März in Töpfe gelegt werden. Ausgepflanzt wird nach dem 20. Mai auf eine besonders nahrhafte, altverrottete Dung- und Frühbeeterde. Kräftigende flüssige Nahrungsgüsse helfen während der Wachstumszeit mit, die 2-m-Grenze zu überschreiten. Als Einzelpflanze im Garten oder in großen Schalen oder Kübeln äußerst wirkungsvoll. Höhe 180–200 cm.

411. Rodgersia aesculifolia, *Kastanienblättrige Rodgersie, Schaublatt (Steinbrechgewächse)*
♃ ◑–● ≈ ⊥
Alle Rodgersien sind gewaltige Blatt- und Blütenstauden des lichten Schattens und der guten Gemeinschaft mit anderen üppigen Stauden aus dem Halbschattenbereich auf feuchtem Humusboden. Glänzend vertragen sich

Farne, Rodgersien und Primeln (Nr. 395–397) mit Rhododendronpflanzungen (Nr. 727-737). Aber auch als Uferpflanze in Einzelstellung oder zu mehreren schaffen sie herrliche Gartenbilder. Bei ausreichender Bodenfeuchtigkeit vertragen sie auch volle Sonne. Höhe 60–100 cm, Blüte 7.

412. Rodgersia tabularis, *Schirmblatt-Rodgersie*

Eigenschaften wie Nr. 411. Die schönste unter den Rodgersia-Arten mit gewaltigen Schirmblättern, die auf meterhohem Stiel getragen werden. Die cremeweißen Blütenstände sind bei allen Arten gleich schön und dekorativ. Höhe 70–120 cm, Blüte 7.

413. Rudbeckia nitida „Herbstsonne", *Fallschirmrudbeckie (Korbblütler)* ♃ ☼–◑ ⊥ ▭ ✂

Über mannshohe, unverwüstliche Blüten- und Schnittstaude, von der wir im Garten sogar ganze Blütenhecken anpflanzen können. Höhe 200 cm, Blüte 8/10, 1/qm.

414. Rudbeckia fulgida (sullivanti) ♃ ☼–◑ ▭ △ ✂

Ideale Garten- und Schnittstaude mit ihren goldgelben, strahligen Blüten und der schwarzen Mitte. „Goldsturm" sollte in keinem Garten fehlen! Höhe 60 cm, Blüte 7/9.

415. Rudbeckia purpurea „The King" ♃ ▭ ✂

Dunkelrot, großblumig, am besten als Schnittblume, da sie im Garten leicht etwas fremdartig und mischfarbig wirkt, während sie in der rechten Vase einen aparten Zimmerschmuck abgibt. Höhe 80–100 cm, Blüte 8/10.

416. Sagittaria sagittifolia, *Pfeilkraut (Froschlöffelgewächse)* ♃ ≈

Malerische, reizvolle und elegante Sumpf- und Uferstaude, die an möglichst vielen Wasserbecken ihren wohlverdienten Platz findet. Einmal angesiedelt, sät sich die Pflanze selbst aus oder wird durch ihre dunkelgrünen Wurzelknollen vermehrt. Zierend ist auch der doldenrispige weiße Blütenstand. Höhe 60–90 cm, Blüte 6/7.

417. Salpiglossis sinuata (variabilis), *Trompetenzunge (Nachtschattengewächse)* ⊙ ✂

Anspruchsvoll an den Boden, der gut, nahrhaft, durchlässig und warm sein soll, ist diese kupferfarben blühende Pflanze. Vorkultur im Zimmer, Auspflanzen nach den Maifrösten, möglichst mit Erdballen. Höhe 60–80 cm, Blüte 6/7.

418. Salvia superba (nemorosa), *Gartensalbei (Lippenblütler)* ♃ ☼–◑ ▭ ⊥ ❧

Eine der unentbehrlichen Stauden für alle Gartenzwecke. Sehr wirkungsvoll in natürlicher Gemeinschaft mit Nachtkerzen, (Nr. 335/336), Königskerzen (Nr. 507–508), Katzenminze (Nr. 327) u. ä., aber auch im Staudenbeet verdient sie ihren Platz. Höhe 100 cm, Blüte 7/9. Besonders schön die etwas gedrungenere Salvia superba „Lubecka".

419. Salvia patens, *Blaue Salbei* ♃ ⊙

Große ultramarinblaue Blüten. Höhe 60 cm, Blüte 7/10.

420. Salvia splendens, *Einjährige feuerrote Salvie*

Eine der bekanntesten einjährigen Beet- und Sommerblumen. Steht ausgezeichnet zu blauen, gelben und weißen Sommerblumen, auch Stauden. Vorgezogene Pflanzen mit Erd- oder Topfballen aus der Gärtnerei. Höhe 30–40 cm, Blüte 6/10.

421. Sanvitalia procumbens, *Zwergsonnenblume (Korbblütler)* ⊙

Verlangt gute humose Gartenerde und volle Sonne. Wird Anfang Mai direkt ins Freie auf das Standbeet oder im Steingarten ausgesät. Später ausdünnen. Höhe 10–12 cm, Blüte 7/10.

422. Saponaria ocymoides, *Seifenkraut (Nelkengewächse)*
♃ ☼ △ ||
Teppichartig sich ausbreitende Gebirgsstaude, die zur Blütezeit einen dichten karminrosa Rasen bildet. Nur robuste Pflanzen wie das silbergraue Hornkraut vermögen sich ihrer Nachbarschaft zu erwehren. Höhe 10–20 cm, Blüte 6/7.

423. Saxifraga lingulata superba, *Silberrosetten-Steinbrech (Steinbrechgewächse)* ♃ ☼ △ ||
Bildet größere, immergrüne Rosettenpolster, liebt kalkhaltigen, durchlässigen leichten Boden, blüht weiß in recht ansehnlichen Rispen. Höhe 30 cm, Blüte 6/7.

424. Saxifraga apiculata, *Gelber Steinbrech*
Liebt etwas absonnigen Stand, besiedelt Felsspalten in Steinmauern, die mit besonders durchlässiger Humuserde, Kalkbrocken, Ziegelgrus und Sand durchsetzt sind. Höhe 10 cm, Blüte 3/4.

425. Saxifraga arendsii, *Teppichsteinbrech*
Mit vielen Sorten, deren Blütenteppich jeden Gartenliebhaber in Begeisterung versetzen kann, besonders, wenn mehrere Sorten, in Farben aufeinander abgestimmt, ineinander übergehen. Sorten: „Blütenteppich", „Schneeteppich", weiß, „Purpurmantel", „Schwefelblüte" u. a. m. Höhe 10–15 cm, Blüte 4/6.

426. Saxifraga cotyledon purpurata, *Schleierkrautsteinbrech, Felsenbraut*
Mit besonders großen Rosetten und hoher Blütenrispe. Eigenschaften wie Nr. 423. Höhe 50–80 cm, Blüte 5/8.

427. Saxifraga umbrosa, *Schattensteinbrech, Porzellanblümchen*
◑–● △ ▭ ||
Bildet trichterförmige Rosetten in größeren Polstern. Gedeiht auf frischem, halbfeuchtem Boden. Im Halbschatten als Bodendecke und zur Einfassung von Wegen. Höhe 40 cm, Blüte 5/6.

428. Scabiosa caucasica, *Kaukasus-Skabiose, Witwenblume (Kardengewächse)* ♃ ⊙ ☼ ▭ △
Straffgesteilte, blühfreudige Stauden, mit denen vor allem die im Sommer so wichtigen blauen Farben zwischen die anderen Blütenpflanzen gebracht werden. Ihre langandauernde Blütezeit, ihre Brauchbarkeit für den Schnitt und die vielseitige Anwendung in allen Gartenteilen sollten dieser wichtigen Staude viel mehr Liebhaber geschaffen haben. Gute Sorten: „Clive Greves" hell-enzianblau, „Himmelskönigin" zart-lichtblau, „Miß Willmott" cremeweiß, „Prachtkerl" großblumig, leuchtend blau. Höhe 60–100 cm, Blüte 6/10, 1–5/qm.

429. Scabiosa maritima (atropurpurea) grandiflora, *Gartenscabiose* ⊙
Aussaat gegen Ende April in leichte, humose Gartenerde an sonnigem Platz. Ausdünnen auf 15–20 cm allseitigen Abstand. Auch geeignet für das Staudenbeet. Höhe 90 cm, Blüte 7/10.

430. Schizanthus wisetonensis, *Spaltblume (Nachtschattengewächse)* ⊙
Aussaat im Mai in leichte, sehr durchlässige, aber gut humose Gartenerde. Sonniger Standort. Während trockener Witterung stets gut und regelmäßig wässern, da sonst die Pflanzen Samen ansetzen und absterben. Höhe 45 cm, Blüte 6/9.

431. Scilla hispanica (campanulata), *Spanischer Blaustern (Liliengewächse)* ⚲ ☼–◑ △
Zwiebelpflanzen lichter Gehölze und Wälder. Sie sind ganz besonders dazu geeignet, in großen Flächen in den Gärten am Gehölz-

rand oder im Steingarten angesiedelt zu werden und dort zu verwildern. Höhe 20 bis 25 cm, Blüte 4/5.

432. Scilla sibirica, *Russischer Blaustern*
Eigenschaften wie Nr. 431.

433. Sedum acre, *Mauerpfeffer (Dickblattgewächse)* ♃ ☼ ⎵ △ || ❀
Auf Sandböden, auf Mauern, in Spalten und überall, wo eine normale Vegetation versagt, ja selbst als Ersatz für Rasen, wo dieser sich nicht mehr ansiedeln läßt. Höhe 5–10 cm, Blüte 6/7.

434. Sedum ewersii, *Herbstsedum*
Polsterbildendes Sedum für trokkene Lagen. Höhe 10 cm, Blüte 7/9.

435. Sedum spectabile „Brillant“, *Blumen-Sedum*
Aufrechtwachsend, als Blütenstaude auch für das Staudenbeet geeignet. Höhe 40–50 cm, Blüte 8/10.

436. Sedum spathulifolium (purpureum), *Purpurnes Polstersedum*
Höhe 10–15 cm, Blüte 5/6.

437. Sedum spurium roseum superbum, *Rosa Teppichsedum*
In vielen reichblühenden Gartensorten ist das Sedum spurium vertreten. Es dürfte zu den weitverbreitetsten Sedumarten gehören und dient als „Mädchen für alles“ sowohl zur Begrünung von halbschattigen Flächen als auch zur Einfassung von Wegen oder auf Friedhöfen zur Grabbepflanzung. Eine der schönsten Sorten „Schorbusser Blut“ mit bräunlichem Blatt und roten Blüten. Höhe 15 cm, Blüte 7/9.

438. Sedum telephium „Munstead Dark Red“, *Hohes Herbstsedum*
Eigenschaften wie Nr. 435. Höhe 50–60 cm, Blüte 8/10.

439. Sempervivum arachnoideum tomentosum, *Spinnweb-Hauslauch, Donnerwurz (Dickblattgewächse)* ♃ ☼ △ ||
Hunger- und Durstkünstler unter den Stauden! Auf trockensten Mauern und auch auf Dächern wohnen Sempervivum, früher im Volksglauben als „Donnerwurz“ geschätzt, da dieser den Blitz abhalten sollte. Lieben wie Sedum magerste Erde und Trockenheit, vergehen in stauender Nässe. Höhe 10–20 cm, Blüte 6/7.

440. Sempervivum heuffelii, *Hauslauch, Donnerwurz*
Eigenschaften wie Nr. 439, Höhe 15–20 cm, Blüte 6/7.

441. Sempervivum funckii, *Hauslauch, Donnerwurz*
Mittelgroße Rosetten. Eigenschaften wie Nr. 439. Höhe 10–20 cm, Blüte 6/7.

442. Sempervivum tectorum, *Dachwurz*
Ungezählte Formen und Sorten wie S. tect. calcarum, eins der schönsten, S. tect. tristis mit dunkelgrauen Rosetten. Höhe 20–30 cm, Blüte 6/7.

443. Senecio (Ligularia) przewalskii *Greiskraut, Kreuzkraut (Korbblütler)* ♃ ☼–◑ ≈ ⊥ ▭ ❀
Eine Staudenart mit vielen großartigen Vertretern für die Nähe von Wasserbecken und Ufern. Markante Gestalten mit großen runden oder, wie die abgebildete Art, mit geteiltem Blatt, großen breiten oder ährenartigen gelben bis chromgelben Blütenständen. Gemeinsam mit Lythrum (Nr. 303), mit Iris sibirica (Nr. 266), mit hohen Gräsern, möglichst vor dunkleren Hintergrund gestellt, ausgezeichnete Wirkung. Halbschattig, auf feuchtem nahrhaftem Gartenboden oder auf sehr frischem Gartenland bei Bewässerung in Trockenzeiten auch in voller Sonne auf dem Staudenbeet wachsend. Höhe 80 bis 120 cm, Blüte 7/8.

Lig. hessei, kolbenartige Blütenstände, die schönste Art, 180 cm. Höhe 100 cm, Blüte 7/8.

444. Sidalcea hybrida, *Präriemalve (Malvengewächse)* ♃ ☼ ▭ ⚔
Liebt sandigen, mit Torfmull etwas sauer gemachten Gartenboden in voller Sonne. Bei Nässe fault der dicke Wurzelstock leicht, auch läßt die Winterhärte zu wünschen übrig. Sorte „Elise Heugh". Höhe 80–120 cm, Blüte 7/9.

445. Solidago hybrida, *Goldrute (Korbblütler)* ♃ ☼ ⊥ ▭ ⚔
Beliebte Spätsommer- bis Herbststaude. Muß nach dem Verblühen abgeschnitten werden, um das starke Versamen der Pflanzen zu verhindern. „Goldschleier", Höhe 70 cm, Blüte 8/9. „Leraft" butterblumengelb, 50 cm hoch; „Mimosa", Höhe 90 cm.

446. Solidago hybrida „Golden wings"
Die Blütenrispen sind elegant gebogen. Höhe 150 cm, Blüte 8/10.

447. Solidago hybrida „Perkeo"
Mit flach ausgebreiteten goldenen Rispen. Höhe 40–60 cm, Blüte 8/9.

448. Stachys grandiflora superba (Betonica), *Ziest, Hummelsaug (Lippenblütler)* ♃ ☼ ▭ △ ⚔ ❀
Sehr wertvolle Staude für viele Gartenplätze in der Sonne und auf durchlässiger, mehr trockener Gartenerde. Höhe 40–50 cm, Blüte 7/8.

449. Stachys lanata, *Wolliger Ziest, Eselsohr* ♃ ☼ || ❀
Bekannte Einfassungspflanze für Wegekanten, allerdings noch wirkungsvoller in natürlicher Pflanzung als Bodendecke in größeren Flächen an dünenartigen trockenen Hängen und Böschungen. Höhe 30 cm, Blüte (unscheinbar) 6/7.

450. Statice sinuata
Einjähriger Strandflieder, Statize (Bleiwurzgewächse) ⊙ ⚔ ❀
In der Hauptsache für den Schnitt und für Trockensträuße angepflanzt. Die Aussaat erfolgt im März in Schalen im Zimmer oder ins Frühbeet. Pikierte Pflanzen werden nach der Maimitte ausgepflanzt. Erde: Nährstoffreiche, durchlässige, leichtere Gartenerde. Höhe 50 cm, Blüte 7/9.

451. Statice latifolia, *Schleierstatize* ♃ ☼ △ ⚔
Staudige Steppengewächse für trockene, sonnige Plätze im Steingarten und als Schnittblume für Trockensträuße. Sehr schön silbrigviolett die Sorte „Violetta", Höhe 60 cm, Blüte 7/8.

452. Tagetes patula nana „Goldrand", *Niedrige Studentenblume (Korbblütler)* ⊙ ||
Wir beziehen die billigen Jungpflanzen nach Mitte Mai aus der Gärtnerei. Liebhaber säen im März/April in Töpfe im Zimmer aus oder ziehen im kalten Kasten vor. Eine der farbenprächtigsten, blütenreichsten und ausdauerndsten Einjahrsblumen für Beete, bunte Wegeinfassungen oder als Reservepflanzen auf gesonderten Beeten, um sie knospig oder schon blühend auf Kahlstellen umzusetzen, wo sie willig weiterwachsen. Höhe 40–50 cm, Blüte 6/10.

453. Tagetes patula nana „Light Lemon"
Zitronengelb, sonst wie Nr. 452. Höhe 20 cm, Blüte 6/10.

454. Tagetes erecta plena „Riverside Beauty", *Hohe Studentenblume* ⊙ ⚔
Für Sommerblumenbeete und Schnittblumengewinnung, sonst wie Nr. 452. Höhe 70–80 cm, Blüte 6/10.

455. Tagetes erecta plena „Burpee-Gold" (Golddollar) ⊙ ⚔
Wie Nr. 454.

456. Tagetes patula nana „Marietta", *Niedrige Studentenblume*

Höhe 25 cm, Blüte 6/10. Wie Nr. 452.

457. Tagetes patula nana flore pleno „Harmony“
Höhe 30–40 cm, Blüte 6/10. Wie Nr. 452.

458. Tagetes patula nana „Flash“
Höhe 40 cm, Blüte 6/10.

459. Tagetes tenuifolia (signata) „Ursula“
Goldgelb, zwergig wachsend, Höhe 25 cm, Blüte 6/10. Ähnlich „Gnom“, Höhe 30 cm.

460. Thalictrum aquilegifolium, *Wiesenraute (Hahnenfußgewächse)* ♃ ☼–◑ ≈ ▭ ✂ ❀
Wunderbar belaubte und blühende Stauden für feuchten, nahrhaften, licht schattigen Boden oder in voller Sonne bei ausreichender Feuchtigkeit. Keine stauende Nässe oder Trockenheit! Ausgezeichnete Uferpflanze mit Iris sibirica (Nr. 266), Hemerocallis (Nr. 245) u. ä. Höhe 100 cm und darüber, Blüte 6/7.

461. Thalictrum dipterocarpum, *Chinesische Blütenraute* ♃ ☼–◑ ⊥ ≈ ✂
Stattliche Einzelstaude bei zusagendem Stand, etwas saurem Boden und ausreichend Feuchtigkeit. Sonst wie Nr. 460. Höhe 150–180 cm, Blüte 7/9.

462. Thymus serpyllum splendens, *Schmalblättriger Thymian (Lippenblütler)* ♃ ☼ △ ▬ ❀
Bekannte, stark würzig in allen Teilen duftende Polsterpflanze für trockenen, durchlässigen, warmen Sandboden in voller Sonne, weil hier am reichsten blühend. Wichtig ist auch das im Winter grüne Polster. Höhe 3–5 cm, Blüte 6/7.

463. Thymus serpyllum lanuginosus, *Silberthymian*
Wird wegen seiner herrlichen Silberpolster gerne im Steingarten oder am Rande von Plattenwegen oder zur Besiedlung von Steinmauern verwendet. Höhe 3–5 cm, Blüte selten und unwichtig.

464. Tradescantia virginiana, *Dreimasterblume (Commelinagewächse)* ♃ ☼–◑ ▭ ≈
Seltsame, aber unverwüstliche Staude am Ufer von Wasserbecken oder Wasserläufen. Liebt volle Sonne und einen frischen, ausreichend feuchten Gartenboden. Schöne Sorten: „Leonora“ (Abbildung), „Blue Stone“ leuchtend blau, Tr. virg. alba weißblühend, Tr. virg. hutchinsonii zartrosa. Höhe 60–70 cm, Blüte 5/9.

465. Trollius europaeus superbus, *Trollblume (Hahnenfußgewächse)* ♃ ☼–◑ ≈ ▭ ✂
Diese köstlichen goldenen Frühjahrsstauden sollten überall in den Gärten zu finden sein, wo ein Wasserbecken an seinem Rande Raum läßt. Keine Trockenheit im Boden während und bis zur Blüte! In ausreichend feuchtem, frischem Gartenboden stehen sie auch ausgezeichnet im Staudenbeet. Wer die verblühten Blumen immer rechtzeitig entfernt, dazu die Pflanzen gut wässert und gelegentlich auch flüssig mit Volldünger (Hakaphos) düngt, der erlebt noch einen großartigen Herbstflor! Höhe 70 cm, Blüte 5/6 und 9/10.

466. Trollius hybridus „Orange Globe“
Eigenschaften wie Nr. 465.

467. Trollius hybridus „Earliest of All“
Eigenschaften wie Nr. 465. Andere gute Sorten: „Ätna“ dunkelorange, 50–70 cm hoch; „Goldquelle“; „Prichard's Giant“ tief goldorange; zwergig wächst Tr. pumilus, Höhe 20 cm, schalenförmige Blüten.

468. Tropaeolum majus, *Kapuzinerkresse (Kapuzinerkressengewächse)* ⊙ ☼ ✂
Je 5 Stück in Blumentöpfen im April am Zimmerfenster aussäen

und nach den Maifrösten draußen einpflanzen. Beliebt für Wegekanten und Zäune mit Drahtgeflecht. Genauso leicht heranzuziehen sind die niedrigen, nicht rankenden Sorten. Alle Tropaeolum sollten einen leichteren, nicht zu nahrhaften und feuchten Boden erhalten, da sie sonst zu üppig ins Laub gehen, wobei der Blütenreichtum geringer wird und teilweise unter den gewaltig großen und hohen Blättern ertrinkt. Diese Pflanzen mit ihrer starken Ausdünstung sind außerdem ein erprobtes biologisches Bekämpfungsmittel gegen die lästigen Blutläuse an Apfelbäumen. Um den Fuß solcher Bäume angepflanzt, vertreiben sie die Schädlinge. Höhe 100–120 cm, Blüte 6/10.

469. Tropaeolum majus flore pleno „Goldglanz“, *Gefüllte Kapuzinerkresse*

Eigenschaften wie Nr. 468.

470. Tropaeolum majus nanum, *Zwergkapuzinerkresse*

Höhe 30 cm, Blüte 6/10.

471. Tropaeolum peregrinum (canariense), *Kleinblumige, gefranste rankende Kapuzinerkresse*

Sehr schön blühende Kletterpflanze, die sogar etwas Schatten verträgt. Höhe 200–300 cm, Blüte 6/10, sonst wie Nr. 468.

472. Tulipa fosteriana „Red Emperor“, *Botanische Tulpe (Liliengewächse)* ♀ ▭ ✂

Wenn von Botanischen oder auch von Wildtulpen die Rede ist, so wird damit eine ganze Reihe von mehr oder weniger ungezüchteten Tulpen gemeint, die sich gerade heute in den Gärten, aber auch in großen Parks und Naturgärten einer gewaltig steigenden Beliebtheit erfreuen. In ihren klaren und schlichten Blütenformen und -farben sind sie für viele Plätze des Gartens, besonders dort, wo wir ein Stück Natur gedeihen lassen wollen, wie geschaffen. Die hier genannte, riesengroß blühende Sorte „Red Emperor“ muß in diesem Zusammenhang allerdings mit einer gewissen Vorsicht angewendet werden, da die bis zu 30 cm großen, leuchtendroten Blumen in einem Vorfrühlingsgarten leicht zu „aufgedonnert“ erscheinen können, besonders wenn die Nachbarpflanzen alle bescheidenere Gewächse sind. Höhe 25–30 cm, Blüte Ende 3/5.

473. Tulipa kaufmanniana, *Botanische Tulpe*

In vielen ausgezeichneten Sorten. Blüht noch früher als Nr. 472. Eine der reizendsten Wildtulpen auch für den Steingarten. Die Blüten wirken wie schöne Seerosen. Bei voller Sonne öffnen sie sich zu großen Schalen, bei bedecktem Himmel zeigen sie bei geschlossener Blüte ihre farbenkräftigen Außenseiten. Höhe 20–25 cm. Blüte 3/4. Gute Sorten: „Gaiety“, „Brillant“ in hellem Rot.

474. Tulipa praestans „Füsilier“

Eine mehrstielige Wildtulpe mit roten Blumen. Höhe 20 cm, Blüte 4/5.

475.–506. Tulipa hybrida, *Gartentulpe*

Es ist nicht möglich, die verwirrende Vielfalt aller Tulpenklassen übersichtlich zu schildern. Daher werden nur wichtige Hinweise für die markantesten Tulpenklassen gegeben, die gerade für die Gärten und ihre über Monate gewünschten Tulpenblütezeiten die wichtigsten sind. Jeder Tulpen-Katalog gibt über die einzelnen Klassen von der „Frühen Tulpe“, über die „Triumphtulpe“ zur „Cottage-Tulpe“ und „Breeder-Tulpe“ bis zur neueren „Lilienblütigen Tulpe“ und schließlich zur späten und hohen „Darwintulpe“ ausreichende Auskunft, wobei auch die extravaganten „Papageitulpen" nicht vergessen werden. Die Zwiebeln werden im Herbst ca. 12–15 cm tief in eine durchlässige Gartenerde mit gutem Nährstoffgehalt gelegt. Eine leichte Torfmulldecke hält den Boden etwas kühler und bewahrt vor zu frühem Austrieb. Wie alle anderen Zwiebelblumen möglichst in zwanglose Tuffs pflanzen, nicht wie die Grenadiere aufmarschieren lassen!

475. Tulipa hybrida „Ibis", *Einfache frühe Tulpe*
Höhe 25–30 cm, Blüte 5.

476. Tulipa hybrida „Kaiserkrone", *Einfache frühe Tulpe*
Höhe 30–40 cm, Blüte 5.

477. Tulipa hybrida „Couleur Cardinal", *Einfache frühe Tulpe*
Höhe 30 cm, Blüte 5.

478. Tulipa hybrida „Gelber Prinz", *Einfache frühe Tulpe*
Höhe 30 cm, Blüte 5.

479. Tulipa hybrida „Brilliant Star", *Einfache frühe Tulpe*
Höhe 30 cm, Blüte 5.

480. Tulipa hybrida „Peach Blossom", *Gefüllte frühe Tulpe*
Höhe 20–30 cm, Blüte 5.

481. Tulipa hybrida „Theeroos", *Gefüllte frühe Tulpe*
Höhe 20–30 cm, Blüte 5.

482. Tulipa hybrida „Orange Nassau", *Gefüllte frühe Tulpe*
Höhe 20–30 cm, Blüte 5.

483. Tulipa hybrida „Clara Butt", *Darwintulpe*
Höhe 60–70 cm, Blüte 5/6.

484. Tulipa hybrida „Demeter", *Darwintulpe*
Höhe 60–70 cm, Blüte 5/6.

485. Tulipa hybrida „Golden Age", *Darwintulpe*
Höhe 60–70 cm, Blüte 5/6.

486. Tulipa hybrida „Aristokrat", *Darwintulpe*
Höhe 70–80 cm, Blüte 5/6.

487. Tulipa hybrida „William Pitt", *Darwintulpe*
Höhe 60–70 cm, Blüte 5/6.

488. Tulipa hybrida „City of Haarlem", *Darwintulpe*
Höhe 60–70 cm, Blüte 5/6.

489. Tulipa hybrida „Scarlet Leader", *Darwintulpe*
Höhe 60–70 cm, Blüte 5/6.

490. Tulipa hybrida „The Bishop", *Darwintulpe*
Höhe 60–70 cm, Blüte 5/6.

491. Tulipa hybrida „Pride of Zwanenburg", *Darwintulpe*
Höhe 60–70 cm, Blüte 5/6.

492. Tulipa hybrida „Zwanenburg", *Darwintulpe*
Höhe 60–70 cm, Blüte 5/6.

493. Tulipa hybrida „Afterglow", *Darwintulpe*
Höhe 60–70 cm, Blüte 5/6.

494. Tulipa hybrida „La Tulipe Noire", *Darwintulpe*
Höhe 60–70 cm, Blüte 5/6.

495. Tulipa hybrida „Golden Harvest", *Cottagetulpe*
Höhe 60–70 cm, Blüte 5/6.

496. Tulipa hybrida „Louis XIV.", *Breeder Tulpe*
Höhe 60–70 cm, Blüte 5/6.

497. Tulipa hybrida „Princess Margaret Rose", *Cottagetulpe*
Höhe 60–70 cm, Blüte 5/6.

498. Tulipa hybrida „Telescopium", *Triumphtulpe*
Höhe 60–70 cm, Blüte 5/6.

499. Tulipa hybrida „Orange Wonder", *Cottagetulpe*
Höhe 60–70 cm, Blüte 5/6.

500. Tulipa hybrida „Dillenbourg", *Breeder Tulpe*
Höhe 60–70 cm, Blüte 5/6.

501. Tulipa hybrida „Mona Lucia“, *Triumphtulpe*
Höhe 60–70 cm, Blüte 5/6.

502. Tulipa retroflexa hybrida „Captain Fryat“, *Lilienblütige Tulpe*
Höhe 70–80 cm, Blüte 5/6.

503. Tulipa hybrida „Mrs. Moon“, *Lilienblütige Cottagetulpe*
Höhe 60–70 cm, Blüte 5/6.

504. Tulipa hybrida „Violet Queen“, *Papageitulpe*
Höhe 40–60 cm, Blüte 5/6.

505. Tulipa hybrida „Sunshine“, *Papageitulpe*
Höhe 40–60 cm, Blüte 5/6.

506. Tulipa hybrida „Red Champion“, *Papageitulpe*
Höhe 40–60 cm, Blüte 5/6.

507.–508. Verbascum densiflorum, *Königskerze (Rachenblütler)* ♃ ☼ ▭ △ ❧

Die Königskerzen zählen zu unseren dekorativsten Stauden. Sie gehören meist zu den zweijährigen Gewächsen; wenn sie aber auf mageren, sandigen, durchlässigen, kalkhaltigen (z. T. auch sauren) Böden stehen, halten sie lange Jahre hindurch aus. Sie treiben aus einer grundständigen Blattrosette ihre hohen Blütenschäfte, die bei einzelnen Arten zu gewaltig verzweigten Kandelabern werden. Auf geeignetem Boden sorgen sie zumeist durch reichliche Sämlingspflanzen für das Fortbestehen im Garten. Auch als wirkungsvolle Blattstauden, vor allem in der ihnen zusagenden Gemeinschaft mit Kiefern, Gräsern, graulaubigen Trockenstauden, kommen sie zur Geltung.

507. Verbascum densiflorum „Pink Domino“
Höhe 100 cm, Blüte 7/8.

508. Verbascum olympicum, *Kandelaber-Königskerze*
Weißwollige Königskerze mit verzweigten Blütenkandelabern. Höhe 150–200 cm, Blüte 6/8.

509. Verbena hybrida, *Eisenkraut (Eisenkrautgewächse)* ⊙ ✂

Farbenprächtige Beetpflanzen und Schnittblumen. Die Jungpflanzen beziehen wir am besten vom Gärtner mit Papptopf. Entspitzte Pflanzen werden besonders buschig.
Die Sorte „Defiance“ ist leuchtend rot. Höhe 30–40 cm, Blüte 6/10.

510. Verbena hybrida „Dunkelblau“
Höhe 30–40 cm, Blüte 6/10.

511. Verbena hybrida candidissima
Reinweiß, Höhe 30–40 cm, Blüte 6/10.

512. Verbena rigida (venosa)
Höhe 40–60 cm, Blüte 7/10.

513. Verbena hybrida compacta „Danebrog“, *Zwerg-Verbene*
Höhe 30–40 cm, Blüte 6/10.

514. Veronica incana, *Silber-Ehrenpreis (Rachenblütler)* ♃ ☼ △ ▭ ▬ ❧

Silberne Polster bildet dieser niedrige Ehrenpreis, aus denen sich die 40 cm hohen dunkelblauen Blütenrispen erheben. Dankbares Steingartengewächs, auch schön im Vordergrund großer Staudenbeete. Blüte 7.

515. Veronica spicata rosea „Erika“ *Rosa Ehrenpreis*
Im Steingarten sehr schön zusammen mit weiß blühendem Sedum. Höhe 30–50 cm, Blüte 6/8.

516. Veronica longifolia, *Langblättriger Ehrenpreis*
Tief himmelblau, blüht in dichten Sträußen langer Rispen. Höhe 60 cm, Blüte 7/9.

517. Veronica teucrium „Royal Blue“, *Breitblättriger Ehrenpreis*
Leuchtend enzianblau, ausgezeichnet im Verein mit Helianthemum „Golden Queen“ (Nr. 635), mit

Oenothera glauca (Nr. 335). Eine der schönsten blauen Blütenstauden von Mai bis Juni. Höhe 20–30 cm. Andere Sorten dieser Art: „Königsblau“, „Knallblau“.

518. Viola cornuta, *Hornveilchen (Veilchengewächse)* ♃ ☼–◑ ▭ ▬ △ ✂

Wer diese dankbaren Blütenstauden, die wie etwas kleinere Stiefmütterchen blühen, einmal erlebt hat, möchte sie in seinem Garten nicht mehr missen. Als Pflanzung an der Kante eines Staudenbeetes, als Tuff in mehreren Sorten und Farben im Steingarten oder am halbschattigen Rand einer naturhaften Bodendecke zu immergrünen Gehölzen – immer wird die Blühwilligkeit überraschen. „Hansa“ ist eine Verbesserung der alten Sorte „G. Werming“. Höhe 20–30 cm, Blüte 5/9.

519. Viola gracilis „Lord Nelson“, *Balkanveilchen*

Ist in seinen Sorten von den vorigen nicht mehr zu unterscheiden. Höhe 10–15 cm, Blüte 4/9.

520. Viola hybrida „Aurora“, *Hybridveilchen*

Höhe 10–15 cm, Blüte 5/9.

521. Viola hybrida „Jackanapes“ (Fatzke), *Hybridveilchen*

Höhe 10 cm, Blüte 5/8.

522. Viola odorata, *Wohlriechendes Veilchen* ♃ ◑–● ▬ ✂

Uralte Kulturpflanze, besonders wegen des wunderbaren Duftes beliebt. Gedeiht im Garten am besten im Halbschatten und bei lockerer Bodendecke aus Laubhumus oder zwischen anderen bodenbedeckenden Stauden. Verträgt weder Trockenheit noch grelle Sonne. Höhe 10 cm, Blüte 4/5. Beste Sorte „Königin Charlotte“ mit nochmaliger Blüte im Herbst.

523.–529. Viola tricolor hiemalis, *Winterblühendes Eis-Stiefmütterchen* ⊙ ✂

Die Kultur ist zweijährig, d. h., die Sämlinge, von Anfang Juli in Folgesaaten im Frühbeet oder im Freiland, werden pikiert und zum Herbst auf Beete gepflanzt. Die „Eis-Stiefmütterchen“ blühen besonders früh schon ab März.

523. Viola tricolor hiemalis „Jupiter“

524. Viola tricolor hiemalis „Eiskönig“

525. Viola tricolor hiemalis „Himmelskönigin“

526. Viola tricolor hiemalis „Mars“

527. Viola tricolor hiemalis „Wintersonne“

528. Viola tricolor hiemalis „Märzzauber“

529. Viola tricolor maxima „Roggli’s Riesen“

Besonders riesenblumige Züchtungen mit z. T. neuartigen Braun- und Rot-Farben. Höhe 15–20 cm, Blüte 4/7.

530. Viscaria vulgaris, *Gemeine Pechnelke (Nelkengewächse)* ♃ ☼ △ ▭ ✂

Im Garten in der gefüllt blühenden Form „Splendens Plena“ karminrot und „Alba Grandiflora“ mit einfachen weißen Blüten. Liebt trockenen, durchlässigen Boden, volle Sonne. Höhe 30–40 cm, Blüte 6/7.

531. Yucca filamentosa, *Palmlilie (Liliengewächse)* ♃ ☼ △ ▭ ⊥ ♧

Eigentlich ein Gehölz, aber da sie im Staudenbereich verwendet wird, auch hier geführte Pflanze. Bizarre Einzelpflanze, deren ganze Starrheit sich plötzlich in ein gewaltiges Glockenspiel wunderbarer hängender cremeweißer Lilienblumen auflöst. Liebt Sand und Trockenheit in brennender Sonne. Höhe 100–200 cm. Blüte Ende 6/9.

532.–533. Zinnia elegans „Mammut“, *Riesen-Zinnie (Korbblütler)* ⊙ ▭ ✂
Was wäre ein Gartensommer und ein Sommergarten ohne die Leuchtkraft seiner Zinnien! Wer sollte uns anders aus der Verlegenheit im Staudenbeet helfen, wenn nicht eine Zinnie als fertige Reservepflanze in eine große Lücke gepflanzt werden könnte? Aber auch als edle Schnittblume dient sie uns dazu, das Heim mit Eleganz und Noblesse zu verschönen. Alle Pflanzen, die in den Gartenbüchern, vor allem aber in den Katalogen der Firmen lange Seiten einnehmen, wie z. B. die Astern, sind von altem bzw. ältestem Gartenadel. So auch die Zinnien! Die Aussat erfolgt frühzeitig gegen Ende März bis zur Aprilmitte im Zimmer oder Frühbeet. Da Zinnien aber einen „warmen Fuß“ im Frühbeet bevorzugen, kaufen wir am besten die Jungpflanzen in einer Gärtnerei, um sie nach der Maimitte auszupflanzen. Höhe 70–80 cm, Blüte 7/10.

534. Zinnia elegans „Liliput“, *Liliput-Zinnie*
Höhe 40 cm. Sonst wie Nr. 532–533.

535.–540. Acer, *Ahorn (Ahorngewächse)* ☼–● ⊥ ⩓ ❧
Diese Pflanzenfamilie stellt uns für Gärten und Parks ein sehr vielseitiges Material zur Verfügung. Wir müssen uns nur – je nach der Gartengröße – verständnisvoll der richtigen Arten und Varietäten bedienen. Vom zwergigen Fächerahorn bis zum über 30 m hoch werdenden mächtigen Ahornbaum gibt es alle Abstufungen in der Größenordnung. Die Ahorne erfreuen im Herbst durch eine strahlende, zum Teil brennende Färbung. Die meisten sind ausgezeichnete Blütengehölze und Honigbäume für die Bienen, z. T. sind sie auch wirkungsvolle Fruchtbäume. Wie für sämtliche Bäume und baumartigen Sträucher gilt auch für Ahorn der gute Rat, keine kahl aufgeputzten Hochstämme, sondern statt dessen lieber die von unten an natürlich bewachsenen „Heister“ zu verwenden oder sogar mehrstämmig gewachsene, natürlich bezweigte Exemplare zu pflanzen, da diese im Garten liebenswürdiger, anmutiger und viel gefälliger wirken als die anzupfählenden Hochstämme, die mehr als Straßenbäume geeignet sind.

535. Acer campestre, *Feldahorn, Maßholder*
Heimat: Westasien–Europa. Baumartiger Strauch, der erst im Alter zum kleinkronigen Baum mit dichter, rundlicher Krone heranwächst. Schattenverträglich, gut im Unterholz, liebt aber auch warme und sonnige Plätze, kalkhaltigen, lockeren feuchten Boden. Geeignet als Wind- und Vogelschutzgehölz in allen Lagen. Beliebt als kräftig wachsende, jeglichen Schnitt vertragende Hecke, selbst für dürftigste Sandböden. Das schön geaderte kleine Blatt verfärbt sich im Herbst zu leuchtendem Goldgelb.

536. Acer negundo variegatum, *Weißbunter Eschenahorn* ⊥
Heimat: Nordamerika. Ein 8–10 m hoch werdender lichter Baum, der vor dunklem Hintergrund oder auch einzeln im Rasen gepflanzt werden kann. Die Stammart, Acer negundo, wird breitkronig bis zu 20 m hoch, bildet oft einen schiefen Stamm. Beide Arten blühen zur Zeit des Laubaustriebes früh im März–April. Windgefährdete Bäume, daher nur in geschützter Lage anzupflanzen!

537. Acer platanoides, *Spitzblättriger Ahorn* ☼ – ◑ ⊥ ⊥ ❧
Heimat: Europa–Kaukasus. Breitkroniger, bis zu 30 m hoher Baum

für große Parks, Grünanlagen und als Straßenbaum. Prächtig im zeitigen Frühjahr beim Austrieb die unwahrscheinliche Fülle der gelben Blütendolden, leuchtend Gelb und Rot die Herbstfarben. Die Varietät reichenbachii treibt rot aus und trägt später dunkelrotes Laub.
Sehr hoch wird auch der Bergahorn (Acer pseudoplatanus), der zum Unterschied zu Acer platanoides eine in großen Stücken abschuppende Rinde besitzt. Er ist ein heimischer Bergbaum von prachtvoller Krone, der, oft als Wahrbaum einzeln stehend, weite Landschaftsräume trägt. Im Garten für kleinere und kleinste Flächen sollten wir viel häufiger den Feuerahorn (Acer ginnala; Heimat: China, Japan) verwenden. Sowohl im Hintergrund einer Gehölzpflanzung als auch in Einzelstellung, wo dieser zierliche, etwa bis 7 m hoch werdende Kleinbaum malerische Wirkungen vom Austrieb seines feinen Laubes bis zur brennendroten Herbstfarbe ausübt. Ein größerer, aber ähnlich wirkungsvoll im Garten als Solitärgehölz anzupflanzender Ahorn ist der Acer saccharinum (Acer dasycarpum), der Silberahorn, der vor allem in seiner stark schlitzblättrigen Form wieri einer der elegantesten Gartenbäume ist. Wir können seine Wirkung noch wesentlich steigern, wenn ein mehrstämmiges Exemplar verwendet wird. Leider ist dieser Ahorn windbruchgefährdet und sollte daher nur in geschützter Lage angepflanzt werden.

538.–540. Acer palmatum, *Japanischer Fächerahorn* △ ⍑
Heimat: Japan, Korea. Zwergbaum von entzückendem Wuchs und feinstem, gelapptem Laub, das in seiner Frische in lichtem Grün bis zur brennendroten Herbstfarbe unvergleichlich schön ist. Diese Eigenschaften steigern sich noch bei den in großer Zahl angebotenen Varietäten, z. B. Acer palmatum dissectum viridis, dem japanischen Schlitzahorn, und auch den rotblättrigen Abarten wie Acer dissectum rubrum. Sie stehen wirkungsvoll in Einzelstellung oder gemeinsam mit japanischen Azaleen, immergrünen bodenbedeckenden Stauden und Zwerggehölzen, mit zierlichen Gräsern und werden gerne in die Nähe von Wasserbecken gestellt.

541.–542. Aesculus hippocastanum, *Roßkastanie (Roßkastaniengewächse)* ☼ ⊥ ⍑ 🐝
Heimat: Balkan–Kleinasien–Kaukasus. Dieser allbekannte starkknochige Baum mit seinen im Mai aufrechtstehenden Blütenkerzen braucht zur vollen Entwicklung freien Stand, um seine Höhe von 30 m und mehr sowie seine Breite zu erreichen. Für Gärten kommt die Kastanie nur in Betracht, wenn wir sehr große Flächen zur Verfügung haben.

543. Aesculus carnea briotii, *Rotblühende Roßkastanie*
Besitzt die schönsten, leuchtend roten Blütenstände, geringeren Früchtesegen. Park- und Alleebaum. Wird 15 m hoch und mehr.

544. Alnus glutinosa, *Roterle, Eller (Birkengewächse)* ☼–● ⍑ 🐝 ≈
Heimat: Asien–Europa. Typischer Baum feuchter Ufer und nasser Brüche. Als Pionier- und Windschutzgehölz in der Landschaft gebraucht. Im Garten selten zu verwenden. Blüht mit rotbraunen Kätzchen im frühen Frühjahr. Höhe 20–30 m. Eine mehr trockenen Boden liebende, hellgrau berindete Erle ist die Grau- oder Weißerle (Alnus incana). Auch sie eignet sich als Pioniergehölz (stickstoffsammelnd) für Haldenbegrünung, Ödland. Höhe 10–20 m.

545. Aucuba japonica concolor, *Grüne Aukuba (Hartriegelgewächse)*

Heimat: Japan. Ein immergrüner Strauch für Schattenlagen, noch hart in nördlichen Ländern. Bei uns fast nur als Kalthauspflanze in Kübeln und zur standhaften Gruppe der „Fleischerpalmen" vom Volksmund gerechnet. Zweihäusige Pflanze, daher bei Anpflanzung mehrere Pflanzen setzen. Treibt nach Verlust des Laubes in sehr kalten Wintern bei leichtem Rückschnitt willig wieder aus. Höhe 1–1,5 m. Nachbarpflanzen: Mahonia (Nr. 674–676), Kirschlorbeer (Nr. 709), Vinca (Nr. 846–848) u.ä.

546. Aucuba japonica variegata, *Weißbunte Aukuba*
Wie Nr. 545, kommt außer Topfkultur für die Gärten nicht in Betracht.

547. Amelanchier canadensis, *Kanadische Felsenbirne (Rosengewächse)* ☼–● ⏊ ❧ ⚔
Heimat: Östliches Nordamerika. Dieser baumartige Strauch, der bis zu 8 m Höhe erreicht, hat seinen Siegeszug durch die Gärten, Parks und Grünanlagen angetreten. Als mehrstämmiges Solitärgehölz hat er selbst im kleinsten Garten eine malerische Wirkung. Stellt wenig Ansprüche an Boden und Klima, ist frosthart, blüht weiß wie mit Schnee überschüttet; später kleine eßbare Früchte. Ganz besonders wirkungsvoll ist die gelb-orangerote Herbstfärbung, die zu den flammendsten Herbstfarben überhaupt gezählt werden muß.
Andere, für die Gärten wichtige Arten: Amelanchier laevis aus Nordamerika, 5 m hoch, baumartiger Strauch, der, rötlich austreibend, mit großen Einzelblumen an hängenden Blütentrauben blüht. Herbstfärbung brennend rot. Amelanchier asiatica aus Korea–Japan, ein vortrefflicher, sich waagerecht, leicht und elegant überhängend aufbauender kleiner Baum von 6–9 m Höhe.

548. Aralia elata (chinensis mandschurica), *Freilandaralie, „Des Teufels Krückstock" (Araliengewächse)* ☼ ⊥
Heimat: Korea–Japan. Ausgesprochenes Einzelgehölz für geschützte, warme Lagen in Haus- und Terrassennähe. Mit ihren vielen bedornten Stämmen, den bis über 80 cm langen Fiederblättern und den bei älteren Exemplaren reichlich im August erscheinenden cremeweißen Blütenrispen ruft diese Pflanze eine bizarre, tropenhafte Wirkung hervor. Es empfiehlt sich, die Aralie mit üppigen Pflanzen zu umgeben, wie z. B. Rodgersia tabularis (Nr. 412), Hosta (Nr. 250–251) und dazu, wenn möglich, die Staudenaralie (Aralia racemosa), 1,50 m hoch.

549.–555. Berberis, *Berberitze, Sauerdorn (Berberitzengewächse)*
Heimat: Europa, Asien, Afrika, Nord- und Südamerika, Asien–Japan. Eine der gartenwichtigsten Gehölzarten mit immergrünen und laubabwerfenden Arten. Schön im Austrieb, reichblühend, meist mit wunderbarem Fruchtbehang und mit brennenden Herbstfarben. Die meisten lieben volle Sonne und sind anspruchslos an den Boden.

549. Berberis verruculosa, *Immergrüne Kaiserberberitze* ☼ ⊥ ♧ ⚲ ⍋ ❧
Heimat: Westchina. Dichtgedrungen wachsend, kleinlaubig, scharfbestachelt, bis 1,20 m hoch. Goldgelbe Blüten in Mengen, Früchte blauschwarz.

550. Berberis thunbergii, *Japanische Berberitze, Korallenberberitze* ☼–◑ ⊥ ♧ ⚲ ⍋ ❧
Wohl eins der meistverwendeten Gartengehölze zur Vorpflanzung vor höhere Strauchgruppen, als Heckengehölz erster Ordnung, für geschnittene, besser noch für lockere ungeschnittene Blüten- und Fruchthecken. Höhe 1,20 bis

2,00 m bei günstigem Stand und höherem Alter.
Sehr schön, leider noch viel zuwenig in den Gärten verwendet sind die Arten: Berberis wilsoniae, ein prachtvoller Solitärstrauch von 1 m Höhe und gleicher Breite mit wahrhaft „brüllender“ zinnoberroter Herbstfarbe und leuchtend roten Früchten, die sich bis in den Winter halten. Berberis wilsoniae subcaulialata ist eine genauso empfehlenswerte Abart, wächst kräftiger, hat größeres, gewelltes Laub und dicke Fruchtbündel von gelbroter Farbe.

551. Berberis thunbergii atropurpurea, *Japanische Blutberberitze* ♧ ⚲ ⚲ ✱
Wie Nr. 550, nur besitzt sie vom Austrieb bis zum Laubfall braunrotes Laub. Diese Abart sollte weniger für rote Hecken herangezogen werden, da sie oft fremdartig in ihrer Farbe wirken kann, als vielmehr zwischen grauen und silbergrauen Dünengehölzen, wie Sanddorn (Nr. 637), Ölweiden (Nr. 610) und Strandhafer u. ä. Blau- und Graugräsern, mit ihrer roten Laubfarbe prachtvolle Farbkontraste abgeben.
Berberis thunbergii atropurpurea superba wächst stärker und hat größeres Laub von leuchtender Rotfarbe.

552. Berberis aggregata, *Perlberberitze* ☼–◑ ⊥ ⚲ ⚲
Heimat: Nordwestchina. Eine spätblühende (Juni), die schönsten Früchte in ganzen Bündeln tragende Berberitze. Die Herbstfarbe ist gleichfalls sehr prächtig, und die bereiften Beeren haften bis weit in den Winter. Höhe 1,50–2,00 m.
Berberis aggregata „Barbarossa“ ist eine ganz besonders reiche, dunkelrot fruchtende Züchtung.
Berberis aggregata prattii, 2 m und höher, stark wachsend, großlaubig.

553. Berberis candidula, *Silberberberitze* ☼ △ ♧
Heimat: Westchina. Eine der wichtigsten immergrünen Arten für Steingärten und natürliche, trockene Gartenpartien. Die kleinen Blätter sind unterseits bläulichweiß bereift. Bildet kompakte, dichtgeschlossene Büsche. Höhe 50–75 cm. Blüte goldgelb Ende Mai, Früchte blauschwarz.
Andere, sehr schöne und brauchbare immergrüne Berberitzen sind die Berberis stenophylla, 1,50 bis 2,00 m hoch, elegant überhängend, überreich an gelben Blüten und blauschwarzen Früchten. Leichter Winterschutz ist angebracht. Berberis julianae, Westchina, mit rundlichem Wuchs, Höhe 1,50 m. Sehr winterhart, stark bedornt mit großen, lederartigen dunkelgrünen Blättern.
Eine der schönsten immergrünen Arten ist Berberis gagnepainii lanceifolia. Der Strauch wird bis zu 2 m hoch, ist sehr winterhart, liebt leicht schattigen Stand und wirkt besonders durch sein gewelltes, 10 cm langes Blatt.

554.–555. Berberis vulgaris, *Hainberberitze*
Heimat: Europa. Leider ist dieser schöne aufrechte Waldstrauch als Zwischenträger des Getreiderostes in berechtigten Verruf geraten und aus diesem Grunde in der Forstwirtschaft, aber auch im Sortiment der Baumschulen ausgerottet worden.

556.–557. Betula, *Birke (Birkengewächse)*
Heimat der verschiedenen Arten die gemäßigte Zone der ganzen Welt. Als ein besonders lockerer und lichtdurchlässiger Baum läßt sie noch andere Pflanzen in ihrem Bereich leben und wachsen. Ganz besonders wird die Wirkung einer Birkengruppe oder einer Einzelpflanze im Garten ins Naturhafte gesteigert, wenn wir

anstelle der brav aufgeasteten Hochstämme lieber die malerisch gewachsenen mehrstämmigen Solitärbirken anwenden, wie sie die Baumschulen in großer Auswahl bis zu 4–5stämmigen Pflanzen von 2–5 m Höhe für uns bereithalten. Da sie mit Wurzelballen gezogen und geliefert werden, bereitet der Umzug dem Anwachsen keine Schwierigkeiten. Anstelle der kahl aufgeputzten Hochstämme sollten wir wenigstens stets Birkenheister verwenden, die wir gegebenenfalls zu mehreren als mehrstämmige Gruppe zusammen pflanzen. Die Wirkung eines natürlich gewachsenen mehrstämmigen Birkensolitärs werden sie zwar zu Beginn nicht erreichen, aber im Laufe der Jahre wachsen sie doch zu einer guten Einheit zusammen.

556. Betula verrucosa, *Sandbirke*
Die anspruchsloseste und daher am häufigsten angepflanzte Birkenart.

557. Betula verrucosa tristis (Betula pendula tristis), *Hängende Sandbirke*
Eine ebenfalls sehr interessante Abart ist die Betula verrucosa dalecarlica. Für feuchtere Lagen eignet sich die Moorbirke (Betula pubescens). Für den Steingarten und heideartige Anlagen eignet sich die in alpinen Regionen und in der Tundra heimische Betula nana (Polarbirke) mit ihrem kleinen, fast kreisrunden Laub und der leuchtenden Herbstfarbe.

558. Buddleia davidii „Ile de France", *Schmetterlingsstrauch, Fliederspeer (Loganiagewächse)* ☼–◑ ⊥ ✂ ⚘ △
Sehr schöner, im Sommer blühender Einzelstrauch, der besonders wegen seiner gewaltigen Anziehungskraft auf Schmetterlinge und dem unweigerlich um ihn stattfindenden Falterreigen erfreulich und wertvoll für die Gärten ist.
Prachtvoll purpurfarben ist die Sorte „Royal Red" und als weißes Gegenstück dazu „Peace" oder „White Bouquet". In starken Wintern können die Pflanzen bis auf den Boden zurückfrieren, treiben aber willig wie Stauden wieder aus dem Wurzelstock aus. Ältere Buddleien sollten durch einen kräftigen Rückschnitt ins ältere Holz zu frischen jungen Blütentrieben angeregt werden.

559. Buxus sempervirens arborescens, *Buchsbaum (Buchsbaumgewächse)* ◑–● ⚘ ⚘ ❀
Altbekannte Einfassungspflanze der Bauerngärten und Friedhöfe. Ungeschnitten als wertvolles, immergrünes Schattengehölz sehr gut zu verwenden. Gemeinsam mit Waldstauden und anderen Immergrünen von erfreulicher Wirkung. Lockerer, humoser, ausreichend feuchter Boden im Halbschatten sorgt für ungezieferfreies, dunkelgrünes Laub.

560. Buxus sempervirens rotundifolia, *Großblättriger Buchsbaum*
Stärker aufrecht wachsend, mit großen runderen Blättern, sonst wie Nr. 559.

561. Calluna vulgaris, *Besenheide (Heidekrautgewächse)* ☼ ⲻ △ ❀ ✂
Dieses aus den Heideformationen in Gemeinschaft mit Birken, Kiefern, Ginster und Wacholder bekannte bodenbedeckende Zwerggehölz erfüllt im Garten, richtig angepflanzt, eine große Aufgabe. Besonders können aber auch Züchtungen wie die abgebildete Sorte „H. E. Beale" mit ihren dichtgefüllten dicken rosa Blüten ein Schmuck für Garten und Vase sein.
Andere sehr gute Sorten: „Goldsworth Crimson", 60 cm hoch, mit dunkelvioletten, sehr späten Blüten; Calluna vulgaris alportii mit sehr dunkel gefärbten Blüten, wesentlich eindrucksvoller als die gewöhnliche Heide. Grundbedin-

gung für das Wachstum ist saurer, mit Torfmull stark angereicherter Boden. Ein gelegentlicher radikaler Rückschnitt sorgt für dichte, gesunde Polster.

562. Calycanthus floridus, *Erdbeerstrauch, Zimt- oder Gewürzstrauch (Gewürzstrauchgewächse)* ☼–◑ ⊥ ⩍
Schwer in die übrige Pflanzengemeinschaft einzupassender Strauch, der sich am besten in Einzelstellung frei für sich entfaltet. Originell ist die etwas starre rostbraune Blüte, der, wie auch der Rinde, ein starker Duft entströmt. Höhe 1,50 m.

563. Callicarpa giraldiana, *Schönfrucht, Glasbeerenstrauch (Eisenkrautgewächse)* ◑ ⊥ ⚲ △ ✂
Schöner Einzelstrauch, dessen Gartenwert vor allem in seinen wunderbar durchscheinenden blauvioletten „Glasbeeren“ liegt. Auch als Vasenschmuck mit anderen Beerensträuchern ausgezeichnet zu verwenden. Liebt warmen, fruchtbaren Gartenboden, geschützte Lage und leichten Schatten von benachbarten Hamamelissträuchern (Nr. 631), deren leuchtende Herbstfarbe eine wesentliche Steigerung der Glasbeerenpracht mit sich bringt. Winterschutz.

564. Caragana arborescens, *Sibirischer Erbsenstrauch (Schmetterlingsblütler)* ☼–◑ ⍋ ❦
Baumartiger Strauch bis zu 6 m Höhe. Vogel-, Windschutzgehölz. Dünenpflanze, gedeiht auf Sandboden wie auch auf Geröllhalden. Blütezeit 5/6.

565.–566. Carpinus betulus, *Hainbuche, Weißbuche (Birkengewächse)* ◑–● ⩍ ⍋
Heimat: Europa. Frei wachsend ein bis zu 20 m hoher Waldbaum für Halbschatten bis Schatten. Zumeist als ideales Heckengehölz verwendet und auch als solches bekannt, obwohl die Hainbuche auch als frei wachsende Pflanze im Garten, selbst als Solitärgehölz ihre Reize besitzt. Die Hainbuche gedeiht auf allen schweren und leichteren Böden. Sie versagt nur auf zu trockenen, sandigen Sonnenhängen. Das tief und senkrecht in den Boden dringende Wurzelwerk erlaubt, daß direkt neben Hainbuchenhecken schon andere Pflanzen ungestört gedeihen, was bei vielen Gehölzarten, die als Hecke verwendet werden, nicht möglich ist.
Carpinus betulus pyramidalis ist eine veredelte Pyramidenform.

567.–568. Castanea sativa, *Edelkastanie, Marone (Buchengewächse)* ☼ ⊥ ⚲ ❦ ⩍
Heimat: Afrika, Südeuropa, Westasien. Prachtvoller Parkbaum mit breitausladender mächtiger Krone, der für normal große Gärten wegen seiner späteren Größe – 20–30 m hoch und entsprechend breit – weniger in Betracht kommt. Blüte 6/7 mit weißlichen Kätzchen.

569.–570. Catalpa speciosa, *Trompetenbaum (Bignoniengewächse)* ☼ ⊥ ⚲ ❦ ⩍
Breitkroniger Baum mit kurzem, gedrungenem Stamm. Das riesige Blatt von 20–30 cm Länge, das sich aus dem erst spät im Mai erfolgenden Austrieb entwickelt, wirkt exotisch wie die gesamte Erscheinungsform dieser Bäume. Im Juni–Juli schmückt sich der Baum mit einer riesigen Fülle von cremeweißen purpurschlundigen Blüten, die in großen Blütenrispen vereinigt sind. Später entwickeln sich daraus dichte Bündel von länglichen, zigarrenähnlichen Fruchtschoten, die der Pflanze auch den Namen „Zigarrenbaum“ eingebracht haben. Wegen seiner Größe als Park- oder Alleebaum oder in Einzelstellung auf großen Grünflächen zu verwenden. Höhe bis zu 30 m. Weniger hoch, dafür

aber breiter wird Catalpa bignonioides mit 15 m Höhe.

571. Ceanothus hybridus „Topaze", *Indigoblaue Säckelblume (Kreuzdorngewächse)* ☼ △
Heimat: Östliches Nordamerika. Die Hybriden sind blühwilliger als die Stammarten. Dieser 1 m hohe Sommerblüher bringt die so wichtigen und seltenen Blaufarben in unsere Gärten. Verlangt einen warmen, geschützten Platz auf durchlässiger, humoser Erde und benötigt Winterschutz durch Laub- oder Torfmulldecke.
„Gloire de Versailles", 1,50 m hoch, ebenfalls eine empfehlenswerte Sorte, die unermüdlich während des ganzen Sommers ihre leuchtend-hellblauen Blüten entfaltet.

572. Cercidiphyllum japonicum, *Kuchenbaum, Judasblattbaum (Kuchenbaumgewächse)* ☼–◑ ⊥
Heimat: Japan. Dieser seltsame, wunderbar schön belaubte baumartige Strauch, der in seiner Heimat bis zu 30 m hohe Bäume stellt, entwickelt sich bei uns auf zusagenden feuchten, locker-tiefgründigen Böden zu mehrstämmigem Gehölz, dessen größter Zierwert das rundlich-herzförmige, schön geaderte Laub ist. Vom rötlichen Austrieb bis zur strahlenden Herbstfarbe wirkt dieser Strauch am besten frei für sich gestellt, da er nur schwierig mit anderen Gehölzen zu benachbarn ist. Fruchtansatz nur, wenn von dieser zweihäusigen Pflanze mehrere Exemplare angepflanzt werden.

573. Chaenomeles lagenaria, *Hohe japanische Rosenquitte (Rosengewächse)* ☼–◑
Heimat: China. Bis 2 m hoch. Sehr schöner Blütenstrauch in Einzelstellung, wo er sich nach allen Seiten frei entwickeln kann, oder in Gehölzgruppen. Die große karminrote Blüte erscheint in Massen und hält von April bis Ende Mai an. Später bilden sich Früchte, deren Gehalt an Vitamin C sehr groß ist. Die stark aromatischen Früchte lassen sich zu Gelee verarbeiten.
Es gibt viele gute Sorten: „Abricot" niedriger mit orangefarbenen halbgefüllten Blüten, „Crimson and Gold" bis 1 m hoch, große dunkelrote Blüte mit leuchtend goldgelben Staubgefäßen. Chaenomeles lagenaria nivalis, 1 m hoch, reinweiß.

574.–575. Chaenomeles japonica (Chaenomeles maulei), *Niedrige japanische Rosenquitte, Scheinquitte (Rosengewächse)* ☼–◑ △
Heimat: Japan. Bekannter niedriger Zier- und Blütenstrauch. Schwächer wachsend als Nr. 573. Geeignet zu dornigen, ungeschnittenen Blütenhecken oder als lockere, großflächige Vorpflanzung vor höheren Gehölzanlagen. Auch in größeren Steingartenanlagen wird sie gern gebraucht. Da sie jeglichen Schnitt verträgt, läßt sie sich auch als strenge Hecke verwenden, genauso wie die hohe Chaenomeles lagenaria, jedoch blühen beide reicher, wenn sie frei wachsen dürfen. Sehr wirkungsvoll ist der reiche Fruchtbehang goldgelber, stark duftender Früchte.

576. Cydonia oblonga (vulgaris), *Fruchttragende Quitte (Rosengewächse)*
Heimat: Zentralasien. Wegen ihrer wohlschmeckenden und duftenden Früchte wurde sie vor Jahrhunderten von venezianischen Kaufleuten eingeführt. In Einzelstellung ein reizvoller Zwergbaum von 3–5 m Höhe und von originellem, breitem Wuchs, mit weißfilzigem Laub und großen weißen Blüten im Mai. Einen doppelten Zweck als Zier- und Obstgehölz erfüllen im Garten die veredelten, großfrüch-

tigen Apfel- und Birnquitten „Bereczki-Quitte", „Riesenquitte von Lescovac", die im Laub und Blütenschmuck selbst als Solitärgehölz und später im Herbstlaub mit den goldgelbfilzigen, bis zu 500 g schweren Früchten einen erfreulichen Zierwert haben. Verlangen warmen, nahrhaften Boden und geschützte Lage.

577. Cladrastis lutea, *Weißblühender Gelbholzbaum (Schmetterlingsblütler)* ⊥ ❧

Heimat: Nordamerika. Sehr schöner Laub- und Blütenbaum von 10 m Höhe, dessen Laub sich im Herbst goldgelb färbt. Nach etwa 10 Jahren beginnt erst die Blüte, dann aber in so erstaunlicher Fülle, daß die Wartezeit gelohnt hat. Im Mai–Juni erscheinen die 40 cm langen Blütenrispen mit duftenden Erbsenblumen, die außerdem noch eine ausgezeichnete Bienenweide sind.

578. Colutea arborescens, *Blasenstrauch (Schmetterlingsblütler)* ☼–◑ ❧

Heimat: Südeuropa, Nordafrika. Bekannter, äußerst genügsamer, bis 4 m hoher Blüten- und Fruchtstrauch, der während des ganzen Sommers bis zum Herbst mit seinen gelben ginsterartigen Blüten erfreut und gleichzeitig voller aufgeblasener Schotenfrüchte hängt.

579.–581. Cornus mas, *Goldgelbe Kornelkirsche (Hartriegelgewächse)* ☼–●

Heimat: Mittel–Südeuropa. In lichten Auenwäldern und gemeinsam mit Eichen und Buchen wachsend, aber auch auf trockenen, sonnigen Hängen. Bekannter Vorfrühlingsblüher entlang der Autobahn, wo er im März als Waldrandgehölz ganze Wegstrecken mit seinen lichtgelben Blütenmassen vor dem Laubaustrieb verzaubert. Aber nicht nur die frühe Blüte, sondern auch sein bildschön geadertes und fein geformtes Laub, dazu sein Behang von pflaumenähnlichen roten Früchten, den eßbaren „Carnellen", machen ihn zu einem stets erfreulichen Gartenstrauch, der sich im Laufe vieler Jahre zu einem richtigen Baum (5–10 m) auswachsen kann. Mit Ilex (Nr. 644), Pfaffenhut (Evonymus europaea), schlingendem Jelängerjelieber (Lonicera caprifolium, Nr. 874), Waldstauden, denen Farne zugesellt werden, und Seidelbast (Daphne mezereum, Nr. 604 bis 605) bildet er im Garten waldartige Gemeinschaften.

Andere sehr geeignete Hartriegelbäume für den Garten sind: Cornus florida (Blumenhartriegel, Nordamerika), ein ausgezeichnet blühender Solitärstrauch mit weißrosa großen Scheinblüten im Mai und pflaumenartigen, leuchtendroten Früchten im Herbst, wobei die brennend rote bis violette Herbstfärbung der Blätter von großartiger Wirkung ist. Cornus florida rubra besitzt rosa bis rote Hüllblätter. Man sollte beide Sorten gemeinsam anpflanzen, um durch die verschiedenen Blumenfarben eine noch größere Wirkung zu erzielen. Cornus kousa und die Abart sinensis aus Japan Korea sind ebenfalls zwei äußerst wertvolle, aber langsam wachsende Einzelgehölze von baumartigem Wuchs, die im Juni–Juli ihre weißen Scheinblüten auftun, im Herbst flammend rot dastehen und erdbeerartige Früchte tragen.

582. Cornus alba sibirica, *Korallenroter sibirischer Hartriegel* ☼–●

Heimat: Nordasien. In der Gehölzpflanzung wie Nr. 579–581 mit Ilex u. ä. Auf nahrhaftem, feuchtem Boden bildet sich die leuchtende Rotfarbe der Zweigrinde besonders kräftig aus und wirkt im Winter im Schnee hervorragend und belebend auf den ganzen Garten. Flammend rot ist auch die Herbstfarbe. Höhe bis zu 3 m.

583. Cornus alba spaethii, *Gelbbunter Hartriegel*
Fröhliches, goldbuntes Gehölz, das im Gegensatz zu sonstigen buntlaubigen Gehölzen, deren Anwendung oft heikel und schwierig ist, jederzeit in größeren Tuffs zur Aufhellung dunkler, feuchter Gartenteile und in Park- sowie Waldanlagen gemeinsam mit Ilex und den unter Nr. 579–581 genannten Pflanzen sowie Cornus alba sibirica (Nr. 582) angepflanzt werden sollte.

584. Corylopsis spicata und Corylopsis pauciflora, *Scheinhasel (Zaubernußgewächse)* ☼–◑ △
Heimat: Japan. Beide Sträucher blühen nach echter Hamamelisart, zu deren Familie sie zählen, im zeitigen Frühjahr vor oder während des Laubaustriebes. Höhe 1,50–2 m. Blütezeit 3/4. Vertragen auch Halbschatten sehr gut, wirken durch ihren frisch-rötlichen Austrieb und durch ihre fast verblüffende Herbstfärbung. Sehr wertvoll für alle Gärten!

585. Corylus avellana, *Haselnuß (Birkengewächse)* ☼–●

Heimat: Europa. Eins der verbreitetsten und wichtigsten Wald- und Feldgehölze von der Ebene bis ins Gebirge hinauf. Abgesehen von den Wildhaseln, den großfrüchtigen Gartensorten und den als „Bluthaseln" geschätzten rotblättrigen Arten gibt es für besondere Gartenplätze die abgebildete Korkzieherhasel, Corylus avellana contorta mit ihrer seltsamen Eigenart, sich im Trieb und im Laub völlig zu verdrehen und planlos in die Runde zu wachsen.
Nicht unerwähnt soll hier auch die Baumhasel bleiben (Corylus colurna aus Osteuropa–Kleinasien), die 15–20 m hohe Bäume bildet. Verwendung als Einzelbaum in großen Parks oder als Alleebaum.

586. Corylus maxima atropurpurea, *Echte Blut-Lamberthasel*
☼–◑
Großlaubig, schwarzrote Blattfärbung, die in größeren Gehölzgruppen zu wirksamem Farbkontrast angewendet werden kann.

587. Cotinus coggygria, *Perückenstrauch (Sumachgewächse)*
☼ ⊥
Heimat: Südeuropa–China. Kalkliebender, bis 3 m hoher Zierstrauch, der sonnige, trockene Standorte, auch steinige Hänge liebt. Blüte unbedeutend, aber die daraus sich bildenden fedrigen Fruchtstände machen den größten Zierwert dieses Strauches aus. Freigestellte Exemplare wirken am besten. Gemeinsam mit der feuerrotblättrigen Abart Cotinus coggygria rubrifolius passen sie ausgezeichnet zu Trockenheitsformationen mit Kiefern, Birken, Wacholderarten.

588.–594. Cotoneaster, *Felsenmispel, Zwergmispel (Rosengewächse)* ☼–◑
Heimat: China–Tibet, Himalaja. Von den meisten Gartenbesitzern wird die gartenfrohe Fülle dieser Pflanzen noch viel zuwenig ausgeschöpft. Was bietet sich uns da alles an! Vom polsternd den Boden überspinnenden und die Mauern schmiegsam überwuchernden, zum allbekannten, horizontal im Steingarten oder an Hauswänden sich ausbreitenden Cotoneaster horizontalis, vom hoch und breit ausladenden Cotoneaster bullata, der unter seiner Beerenlast Jahr für Jahr mächtig schwer zu tragen hat, bis zu den eleganten immergrünen oder wintergrünen feinen Blüten- und Beerensträuchern wie Cotoneaster salicifolia floccosa, Coto-

neaster frigida vikaryi und Cotoneaster watereri, der bis zu 3 m hoch wird! Nicht zu vergessen den auch als Blütenstrauch überschäumenden Cotoneaster multiflora und seine schöne Abart calocarpa, den Schönfrüchtigen. Dazu sind alle Arten ausgezeichnete Bienenfutterpflanzen. Herrliche Tafel- und Vasendekorationen lassen sich mit den Beerenzweigen schaffen, und was für jeden Gartenbesitzer wichtig sein sollte: Alle Cotoneaster liefern bis weit in den Winter hinein ausgezeichnetes Vogelfutter.

588. Cotoneaster bullata, *Großblättrige Felsenmispel, „Amselbrotbaum"*

Heimat: Westchina. Wer einmal im Spätherbst den tollen Betrieb sich um die dicken roten Früchte streitender Amseln und Krammetsvögel erlebte, wer dann weiterhin bei dickem Schnee erfreut beobachtet, wie sich alle hungernden Amseln, Drosseln und auch Finken von diesem schier unerschöpflichen Segen nähren, bis schließlich eine zigeunernde Horde nordischer Seidenschwänze in ihrer unwahrscheinlichen Gefräßigkeit den winterlichen Brotkorb in kurzer Frist leergepickt hat, der wird den scherzhaft eingesetzten deutschen Namen für die leider bei uns namenlose Pflanze richtig finden. In Einzelstellung erreicht dieser Strauch bis zu 3 m Höhe und kann sich bis zu 5 m ausbreiten. Neben Blüten und Früchten ist ganz besonders die leuchtende Herbstfarbe hervorzuheben.

589. Cotoneaster dielsiana, *Rosenmispelstrauch*

Heimat: Westchina. Ein laubabwerfender rotfrüchtiger erstklassiger Beerenstrauch für Einzelstellung. Höhe 2–3 m.

590. Cotoneaster horizontalis, *Niedrige waagerechte Felsenmispel, Korallenstrauch*

Heimat: Westchina. Von allen Arten am meisten verbreitet und bekannt. Im Steingarten zu Polsterstauden und niedrigen Gräsern, im Vordergrund großer Gehölzpflanzungen, auf Steinmauern, an Hausecken. Höhe im Laufe der Jahre bis zu 1 m und mehrfach so breit. Unbeschreiblich schön im Schmuck seiner perlartigen runden Beeren im leuchtenden Herbstlaub.

591. Cotoneaster multiflora, *Reichblütige Felsenmispel*

Heimat: Westchina. Wenn im Mai die Blütenkaskaden dieses feinzweigigen Strauches creme-weiß die ganze Pflanze überfluten oder wenn im Spätsommer die roten Beerenfrüchte erneut den Strauch verzaubert haben, fragt sich der staunende Beschauer, warum dieser anspruchslose und so dankbare Blüten- und Fruchtstrauch nicht in viel mehr Gärten anzutreffen ist. Noch prachtvoller fruchtet die Abart Cotoneaster multiflora calocarpa. Höhe 3 m.

592. Cotoneaster salicifolia floccosa, *Immergrüne weidenblättrige Felsenmispel*

Heimat: Westchina. Wertvoller, elegant überhängender Strauch, der am besten in Einzelstellung, sei es frei im Rasen, sei es vor einer hellen Hauswand oder inmitten einer Pflanzung von Zwerggehölzen und Polsterstauden seine Wirkung tut. Reichblühend, später mit hellroten Beeren behangen, rauchfest, vereinigt er viele gute Eigenschaften. Selbst für natürlich wachsende, ungeschnittene Hecken ist er vorzüglich geeignet.

Stärker im Wuchs (3–4 m) mit größerem Blatt und dichten Beerenbündeln, fast baumartig wachsend, ist der sonst ähnliche Cotoneaster frigida vikaryi aus dem Himalaja. Von ihm stammt die Hybride Cotoneaster hybrida Cornubia, bis 4 m hoch, halbimmergrün, die besonders wertvoll als Solitärgehölz frei im Garten aufgestellt werden sollte

593.–594. Cotoneaster adpressa, *Kriechende Steingartenmispel*
Heimat: Westchina. Einer der brauchbarsten, nur 25 cm hoch werdenden, laubabwerfenden Zwergcotoneaster für Steingärten, an Wegrändern, auf Steinmauern u. ä. Plätzen. Auch als Bodendecke für größere Flächen. Sein immergrüner Partner Cotoneaster microphylla melanotricha und Cotoneaster melanotricha schneideri sollten an ähnlichen Stellen auch viel häufiger verwendet werden. Cotoneaster dammeri (humifusa) spinnt einen wunderbaren Teppich über Steinplatten, Mauern und Steingartenflächen und ist immergrün.

595.–599. Crataegus, *Dorn (Rosengewächse)* ☼–◑ 🐝 ✂
Heimat vieler Arten: Amerika und Europa. Alle Crataegus sind dankbare, zumeist anspruchslose baumartige Sträucher, tragen Dornen, blühen sehr reich in weißen, rosa und roten Farben, tragen rote, orangefarbene und ziegelrote Kugelfrüchte, ja auch braune und schwarze. Zum Teil stellen sie ausgezeichnete Solitärgehölze, wie z. B. Crataegus prunifolia, der pflaumenblättrige Dorn oder Crataegus crusgalli, der Hahnendorn.

595. Crataegus monogyna, *Eingriffliger Weißdorn*
Heimat: Europa, Afrika. Überall bekannt und als Heckengehölz für dornige, wehrhafte Hecken verwendet. Frei wachsend ein 6–8 m hoher, weißblühender, später die roten Mehlbeeren tragender baumartiger Strauch. Geeignet außer für Gartenhecken als ausgezeichnetes Wind- und Vogelschutzgehölz.

596.–597. Crataegus oxyacantha punicea, *Zweigriffliger ungefüllter Rotdorn*
Verlangt Luftfeuchtigkeit und guten Boden. Blüte einfach, karmesinrot. Höhe 5 m. Diese ungefüllte Abart hat den Vorteil vor dem gefüllten Rotdorn, daß sie reichlich Früchte als Winterfutter für kleine Vögel ansetzt. Die Blüten haben einen feinen Duft.

598. Crataegus oxyacantha paulii (Crataegus monogyna kermesina plena), *Gefüllter Rotdorn*
Wird gern als frei stehender Einzelstrauch (leider auch als Hochstamm) im Garten angepflanzt. Steht farblich gut mit Laburnum, dem Goldregen (Nr. 653–654), zusammen. Als Straßenbaum wird er aus unerklärlicher Ursache zumeist als strenge Kugelform gerade dann geschnitten, wenn seine Blütenknospen am alten Holz zu gewaltigem Blühen gerüstet sind. Wenn schon – dann sollte man sie kurz nach der Blüte herunterschneiden.

599. Crataegus crus-galli, *Hahnendorn*
Heimat: Nordamerika. Stattlicher, sich locker und malerisch ausbreitender Baum von langsamem Wuchs. Erreicht 7–10 m Höhe. Die 8 cm langen geraden Dornen und sein etwas ledriges glattes Blatt, das im Herbst orangerot leuchtet, dazu die kugeligen, über 1 cm dicken mattroten Früchte machen ihn zu einem sehr wertvollen Kleinbaum oder Großstrauch für jeden Garten.
Ähnlich wert angepflanzt zu werden ist der Scharlachdorn, Crataegus coccinea, mit seinen überreich fruchtbehangenen Zweigen, an denen die roten, dicken Früchte noch lange nach dem Abfall des Herbstlaubes haftenbleiben. Ausgezeichnetes Vogelschutzgehölz!

600.–603. Cytisus, *Ginster, Geißklee (Schmetterlingsblütler)* ☼ 🐝
Heimat: Europa, besonders das Mittelmeergebiet. Alle Ginsterarten lieben einen leichten, durchlässigen, warmen Boden in sonniger

Lage. Der heimische Besenginster braucht sauren Boden. Vorzügliche Steingarten- und Heidepflanzen.

600. Cytisus praecox, *Elfenbeinginster*

Beliebt und allbekannt als der am frühesten blühende Ginster. Steht ausgezeichnet im Heidegarten vor Kiefern mit Wacholdern (Nr. 909 bis 917), Azaleen (pontica und mollis-Sorten), Gräsern u. ä. zusammen und wirkt mit benachbartem Blaukissen (Aubrietia, Nr. 52–57) besonders frühlingshaft und wohltuend. Höhe bis zu 2 m, locker und breit im Wuchs. Der Winterwert dieser grünzweigigen Gehölze ist ebenfalls sehr groß.

601. Cytisus purpureus, *Purpurginster, Roter Geißklee*

Heimat: Tirol, Norditalien. Von Mai bis Juni erscheinen an der bis zu 1 m hohen Pflanze die purpurnen Blüten. Im Steingarten, an Terrassenrändern, gemeinsam mit Kriechwacholdern (Nr. 913), Erica (Nr. 614–615), Helianthemum (Nr. 633–635) und anderen, niedrigen Cytisus- und Genista-Arten (Nr. 627).

602. Cytisus kewensis, *Zwergelfenbeinginster*

Hybride. Vorzüglich im Steingarten auf Mauerecken oder neben natürlichen Findlingssteinen. Durch Juniperus sabina tamariscifolia (Nr. 915) erhält er kontrastreiche dunkle Nachbarschaft.

Ein ganz flach dem Boden aufliegender, kriechender Ginster ist Cytisus decumbens aus Südeuropa-Dalmatien, wo er in trockenen Kalkbergen zu Hause ist. Höhe nur 20 cm mit sattgelben Einzelblumen, die in großen Polstern erscheinen.

603. Cytisus scoparius, *Heimischer Besenginster, Bram, Brambusch*

Pflanze des norddeutschen–atlantischen Raumes (aus Bram leitet sich der Name der Stadt Bremen her), wo ausreichende Luftfeuchtigkeit vorherrscht. Typische Begleitpflanze der Heide, trockener Dünenhänge, liebt Gemeinschaft mit Kiefern, gedeiht auf Bahndämmen und wird zur Haldenbegrünung gemeinsam mit der Birke als stickstoffsammelndes Pioniergehölz verwendet. Die goldgelben Blumen erscheinen in gewaltigen Mengen im Mai–Juni und geben den Bienen wertvolle Nahrung. Gemeinschaft wie Nr. 600.

604. 605. Daphne mezereum, *Seidelbast (Seidelbastgewächse)*

◑–● △

Heimat: Europa–Kaukasus. Höhe 0,50–1,50 m. Ein auch in den Gärten sehr begehrter Vorfrühlingsblüher, dessen stark duftende rosarote Blüten, dicht an allen Zweigen sitzend, von Januar bis März/April den gesamten Strauch vor dem Laubaustrieb überschütten. Bis zum Spätsommer bilden sich große Mengen leuchtendroter Beeren, die aber gefährlich giftig sind wie die ganze Pflanze! Wer Kinder hat, soll sie immer wieder eindringlich warnen oder die Früchte, bald nachdem sie sich entwickeln, abpflücken. Im Halbschatten auf nahrhaftem, feuchtem Boden, im Verein mit Ilex (Nr. 644–645), Cornus mas (Nr. 579–581), Efeu (Nr. 867–870) und Vinca (Nr. 846 bis 848) ist im Garten der richtige Platz für den Seidelbast, den wir auch in seiner weißen Form (Daphne mezereum alba) hinzugesellen können.

606. Davidia involucrata, *Taubenbaum (Tupelogewächse)*

☼–◑ ⊥

Heimat: Osttibet. Bei uns wird dieser seltene Baum bis zu 5 m hoch, hat lindenähnliches, blankes Laub, bringt im Mai–Juni große, eigenartige blütenähnliche Hochblätter von cremeweißer Farbe hervor, aus denen birnenförmige braune Früchte entstehen. Geeignet als Einzelgehölz in sonniger Lage auf fruchtbarem Boden. Im leisesten Windhauch flattern die großen Blütensegel wie ein Taubenschwarm.

607. Deutzia gracilis rosea, *Niedrige Brautdeutzie (Steinbrechgewächse)* ☼–◑ ⚠ △ ✂ ❀ ⚘

Heimat: Japan. Reichblühend mit rosa Glockenblütchen, 1 m hoch. So schön uns die Deutzien erscheinen mögen, so sind sie infolge etwas unnatürlicher Überzüchtung immer schwierig in den naturhaften Rahmen eines Gartens einzubeziehen. Als Vorpflanzung vor größeren Sträuchern können sie hier und dort verwendet werden. Blütezeit 6/7.

608. Deutzia hybrida „Mont Rose", *Höhere Rosendeutzie* ☼–◑ ⚠ ⚘ ✂

Höhe 1,50–2 m. Blüte rosa-lila, Wuchs noch natürlich und locker, daher leichter im Garten mit anderen Gehölzen verträglich.

609. Enkianthus campanulatus, *Prachtglocke, Maiglöckchenstrauch (Heidekrautgewächse)* ◑–● △

Heimat: Japan. Eigenartiger, bis 3 m hoher Einzelstrauch inmitten verwandter Gehölze aus der gleichen Familie: Calluna (Nr. 561), Azaleen, Rhododendron-Arten (Nr. 727–737), Andromeda japonica u. ä. Dazu muß der Boden humusreich, mit Torfmull angereichert, feucht und durchlässig sein. Windgeschützte Lage. Blütezeit im Mai mit dem Laubaustrieb. Feuerrote Herbstfarbe.

610. Elaeagnus argentea (commutata), *Silberölweide (Ölweidengewächse)* ☼ ♁ ⚘

Heimat: Nordamerika. Dieser silberblättrige 2–4 m hohe Strauch wird wegen seines schmucken Laubwerks und wegen der zimtbraunen Triebe, die besonders im Winter wirkungsvoll sind, angepflanzt. Blüte gelblich, unscheinbar, aber von weithin reichendem „Südfruchtduft". Wirkt gut in Gemeinschaft von ähnlich silbrigen Trockenheitsgehölzen und Gräsern wie Sanddorn (Nr. 637), virgin. Wacholder, Yucca, Strandhafer, Reiherfedergras. Kontrastierung mit der Blutberberitze (Berberis thunbergii atropurpurea; Nr. 551).

611. Evonymus europaea, *Pfaffenhut, Spindelbaum (Spindelbaumgewächse)* ☼–◑ △ ♁ ⚘ ✂

Heimat: Europa–Asien. Heimisches Waldgehölz, daher schattenverträglich, was aber nicht ausschließt, daß der Strauch, der bis zu 6 m hoch werden kann, genausogut seinen Platz in freier Sonne findet. Die roten überreich erscheinenden Kapselfrüchte mit den eingebetteten orangeroten vier Samenkernen im Verein mit der flammendroten Herbstfärbung machen den Pfaffenhut zu einem schmucken Gartengehölz. Auch für die Vasen sehr brauchbar. In zu enger Pflanzung und in eingeschlossenen Lagen starker Befall durch spinnende Raupen.
Ein prachtvolles Solitärgehölz ist der im Alter bis 3 m hoch werdende Evonymus alata, der geflügelte Spindelbaum. Im größeren Steingarten, in Heidepartien oder frei für sich gestellt, wirkt er auch im Winter durch seine breiten Korkleisten. Herbstfarbe und leuchtender Fruchtbehang sind seine weiteren Vorzüge. Als ungewöhnlich schönen Solitärstrauch von 5 m Höhe kennen wir den baumartig wachsenden Evonymus planipes aus Japan.

612. Evonymus radicans vegeta, *Immergrüner japanischer Spindelbusch*

Rundblättriger Strauch, der breitkronig wächst. Er kann Steinmauern überranken und Pergolapfosten emporklimmen. Im Herbst trägt er besonders viele leuchtend rote Früchte. Höhe bis zu 3 m.

613. Evonymus radicans, *Kriechender Spindelbusch*
Heimat: Japan–Korea. Zur Begrünung von Felsmauern, Steinanlagen, zur Bepflanzung von Baumstämmen als Bodendecke um den Fuß, wobei die Pflanze auch den Stamm berankt und ihn gefälliger macht.

614. Erica vagans, *Herbstheide (Heidekrautgewächse)*
☼ △ ❀
Heimat: Europa. Darf nicht mit der wilden Besenheide (Calluna, Nr. 561) verwechselt werden. Eine sehr reichblühende Heide, die besonders in der Sorte „Mrs. D. F. Maxwell", 50 cm hoch, kräftig-kirsch-lachsrosa von August bis Oktober blüht. „St. Keverne" lachsrosa, gleiche Höhe und Blütezeit. Leichter Winterschutz angebracht. Sonst wie Nr. 561.

615. Erica carnea, *Schneeheide, Frühjahrsheide* ☼ △ ❀
Erica carnea gemeinsam mit Krüppelkiefern, Rhododendron hirsutum, Festuca-Gräsern und Polsterstauden in größeren Flächen bringen uns zauberhafte Gartenbilder. Dazu die weiße Erica carnea alba. Erica carnea vivellii blüht leuchtend karminrot und hat um diese Zeit bronzebraunes Laub. Erica carnea „Ruby Glow" blüht von März–April mit einem hellen Weinrot. „Winter-Beauty" ist wohl die früheste Erika, deren Blüten bereits ab November rosarot erscheinen. Ein Rückschnitt nach der Blüte bringt gedrungene, straffe Polster.

616. Fagus silvatica, *Rotbuche (Buchengewächse)* ☼–◑ ♣ ⚘
Heimat: Europa–Kaukasus. Allbekannter, prächtiger Wald- und Parkbaum und beliebtes Heckengehölz. Verträgt Sonne wie Schatten, reagiert empfindlich auf Spätfrostlagen und Hochwasser. Buchen werden ähnlich der Birke am besten kurz vor dem Austrieb im Frühjahr gepflanzt und im Verlauf der ersten Wachstumsperiode bei einsetzender Trockenheit kräftig gewässert. Die Sehnsucht sehr vieler Gartenfreunde geht dahin, die dunkelrotblättrige Blutbuche, Fagus silvatica atropurpurea macrophylla, oder die Fagus silvatica „Swat Magret" zu besitzen. Leider reichen die üblichen Gartenräume nicht aus, um derart kolossale Bäume dauerhaft aufzunehmen und mit großkronigen grünen Bäumen und großen Auenwiesen, die das intensive Rot dieses Baumes auffangen, zu umgeben. Vorsicht auch bei der Anwendung der Trauerform Fagus silvatica atropurpurea pendula (Fagus silvatica purpureo-pendula), der Trauerblutbuche. Dagegen läßt sich die gewaltig hängende grüne Trauerbuche, Fagus silvatica pendula, in Einzelstellung schon häufiger verwenden. Aber auch hier sollten wir überlegen, ob nicht ein naturhaft wachsender Baum für unseren Garten geeigneter wäre. Besondere Vorsicht ist am Platz, wenn unsere Pflanzungen direkt die freie Natur berühren, in der solche Zuchtformen oft weithin wirkende Mißtöne auslösen können.
Buchen erreichen eine Höhe bis zu 40 m und eine respektable Breite.

617. Fagus silvatica atropurpurea macrophylla, *Blutbuche*
Eigenschaften wie Nr. 616.

618. Fagus silvatica laciniata, *Schlitzblattbuche*
Veredelte Form für große Parkanlagen und Botanische Gärten. Höhe 15–20 m.

619. Ficus carica, *Feigenbaum (Maulbeerbaumgewächse)*
Heimat: Mittelmeerländer. In un-

seren Klimaten gedeiht der Feigenbaum im Weinklima mit Einschränkungen als Freilandpflanze. Nur in besonders günstigen Sommern kommen seine Früchte zu einiger Reife. Aber allein das schöne Blatt verdient es schon, daß wir hin und wieder an Südmauern eine solche Pflanze ansiedeln. Als Kübelpflanze, die im Kalthaus oder in kühlen Räumen überwintert wird, kann sie im Sommer Hausterrassen eine ganz besondere südliche Note verleihen.

620.–621. Forsythia intermedia spectabilis, *Goldglöckchen, Forsythie (Ölbaumgewächse)* ☼ ⩓ ⟟ ✂

Heimat: Ostasien. Allgemein bekannter Frühlingsblüher. Die bogig überhängende Forsythia suspensa fortunei ist an Schönheit und Blühwilligkeit kaum zu übertreffen. Blütezeit: Ende 3/5. Höhe bis 2 m und darüber. Glänzend geeignet für die „Haustreiberei" im Winter, um stets blühende Zweige in den Vasen zu haben.

622.–625. Fraxinus excelsior, *Gemeine Esche (Ölbaumgewächse)* ☼ ⟟ ❧

Heimat: Europa–Kleinasien. Straßenbaum, ausgezeichnet geeignet für Uferbefestigung. Windfestes Schutzgehölz für feuchte Niederungsgebiete. Leidet unter Spätfrösten in Kaltluftsenken. Für Gärten ohne weitere Bedeutung. Höhe 30–40 m.

626. Fuchsia magellanica und Fuchsia riccartoni, *Fuchsie (Nachtkerzengewächse)*

Heimat: Mexiko, Chile. Frostgefährdetes Gehölz von 1 m Höhe, sehr reich blühend an geschütztem Standort vor Südmauern. Braucht Winterschutz. Blütezeit 7/11.

627. Genista tinctoria, *Färberginster (Schmetterlingsblütler)* ☼ △ ❧

Heimat: Europa-Westasien. Schöner, 1,50 m hoher Blütenstrauch im Verein mit der Besenheide (Calluna vulgaris, Nr. 561) und dem Pfeilginster (Genista sagittalis). Größeren Gartenwert besitzt die Abart anxantica, die weniger hoch, dafür aber breitbuschiger wird. Im Steingarten besonders liebenswert der Zwerg-Färberginster, Genista tinctoria plena mit gefüllten goldgelben Blüten und nur 30 cm Höhe.

628. Ginkgo biloba, *Fächerblattbaum, Tempelbaum (Ginkgogewächse)*

Heimat: Ostchina, Japan. „Ginkyo" = Silberaprikose im Japanischen. Dieser zweihäusige Baum gehört einem Tertiärgeschlecht ausgestorbener Pflanzen an, dessen letzter noch lebender Vertreter er dadurch geblieben ist, daß ihn seine Verwendung als Tempelbaum vor dem Aussterben in der freien Natur bewahrte. In der Systematik den Nadelhölzern (Koniferen) zugeordnet. Die mirabellenähnlichen Früchte der weiblichen Pflanzen und deren Samen sind eßbar. 40 m hoher Parkbaum.

629. Gleditschia triacanthos, *Christusdorn, Gleditschie (Schmetterlingsblütler)* ☼ ⩓ ⍊ ⟟

Heimat: Nordamerika. Auch „Lederhülsenbaum" wegen seiner langen Fruchtschoten genannt. Mit wehrhaften dreidornigen Stachelpolstern auch an älteren Stämmen ausgestattet, bildet dieser 20–40 m hohe lichte Baum breite Kronen, die der falschen Akazie (Robinia, Nr. 745) ähneln. Trockenheitsgehölz erster Ordnung. Als Windschutzgehölz in östlichen Steppen angepflanzt. Läßt sich auch ausgezeichnet für wehrhafte Hecken verwenden.

630. Halesia carolina, *Schneeglöckchenbaum, Silberglocke (Storaxgewächse)* ☼ ⊥ ⍊

Heimat: Nordamerika (Süd-Karolina). Dieser in seiner Heimat 10 m hohe Baum erreicht bei uns nur eine Höhe von 3–4 m. Wichtig sind die im April–Mai erscheinenden silbernen, maiglöckchenähnlichen rosa-weißen Blüten. Seltenes Einzelgehölz in freier Stellung im Garten.

631.–632. Hamamelis japonica zuccariniana, *Zaubernuß (Zaubernußgewächse)* ☼–◑ ⊥ ⚘ ✂

Heimat: Japan. Dieser beliebte Winter-Vorfrühlingsblüher sollte in unseren Gärten neben den anderen, z. T. aus Nordamerika stammenden Arten häufiger verwendet werden. Ein Gehölz, das bei Schnee und Eis seine duftenden Blüten öffnet, diese feinen sich aufrollenden Spiralen aus goldgelbem Material mit der purpurfarbenen dunklen Blütenmitte, ein Strauch, dessen Blüten bis zu 10 Grad Frost vertragen, ist ein immer wieder bestauntes Wunder für jeden Garten. Die Hamamelis japonica zuccariniana wächst fächerartig aufrecht, die Blüten erscheinen etwas später als die der Art Hamamelis japonica, die bereits ab Januar blüht. Nicht zu empfehen ist der Herbstblüher Hamamelis virginiana, da leider die im Oktober erfolgende Blüte zumeist im bunten Herbstlaub oder in den bereits braunen, aber noch haftenden Blättern „ertrinkt". Wohl am meisten verbreitet ist die Hamamelis mollis aus Westchina. Sie hat die größten und wirkungsvollsten Blüten und kann zu einem 4 m hohen baumartigen Strauch werden. Alle Hamamelis sollten möglichst nahe am Hause, am besten in Einzelstellung, gepflanzt werden, damit man sie im Winter beobachten kann. Wenn sie dazu noch vor einem Hintergrund immergrüner Gehölze oder vor Nadelgehölz wachsen, wird ihre Wirkung zur Blütezeit besonders hervorgehoben.

633.–634. Helianthemum polifolium roseum, *Sonnenröschen (Cistrosengewächse)* ☼ △ ❀

Heimat: Europa–Westasien. Niedriges, immergrünes Zwerggehölz für Steingärten, im Vordergrund großer Staudenbeete, neben Plattenwegen und zur Bepflanzung von Steinmauern. Reichblühend, 20 bis 30 cm hoch. Blütezeit 6/8. Leichter Winterschutz aus Fichtenreisig bewahrt sie vor dem Austrocknen bei windigem, sonnigem Winterwetter. Wüst gewordene Büsche lassen sich durch kurzen Rückschnitt leicht wieder verjüngen.

635. Helianthemum hybridum „Golden Queen"

Eigenschaften wie Nr. 633–634. Gute Partner „Rubin", tiefrot, „Ben Hekla", orange mit dunkler Mitte, „Ben Mare", orangerot. Diese Sorten sollten vorsorglich stets eine Torfmulldecke als Winterschutz erhalten.

636. Hibiscus syriacus-Hybriden, *Eibisch, Syrische Rose (Malvengewächse)* ☼ △

Heimat: Zentralasien. Für diese reichblühenden (7/10), fremdartigen Sträucher ist es gar nicht einfach, den rechten Platz im Garten zu finden. Es gilt für sie das unter Nr. 607 Gesagte. In Hausnähe oder vor Mauern, möglichst in Verbindung mit einer bunten Staudenrabatte, als Blütenhecke an der Gartengrenze, lassen sich diese Sommerblüher unterbringen. Da sie in ihrer Jugend nicht ganz frostsicher sind, empfiehlt sich ein ausreichender Winterschutz. Ältere Pflanzen sind schon etwas härter, doch sind auch diese für eine leichte Winterdecke nicht undankbar. Alle Hibiscus lieben einen warmen, sandig-humosen, durchlässigen Boden in geschützter Lage.

637. Hippophae rhamnoides, *Sanddorn (Ölweidengewächse)* ☼ ⚘ ⚘ ⚘ ✂

Heimat: Asien–Europa. Wer diesen wunderbar schönen Beerenstrauch in seinem Garten mit Freuden erleben will, der muß „Männchen“ und „Weibchen“ anpflanzen, weil der Sanddorn zweihäusig ist. Anspruchsloses Dünen-, Meerstrands- und Gebirgsgehölz, ausläufertreibend, daher zum Befestigen von Dünen und Halden, zur Besiedlung alter Kiesgruben vorzüglich geeignet. Im Garten werden wir ihn möglichst in der ihm zusagenden Gemeinschaft mit Kiefern, Elaeagnus argentea (Nr. 610) und Elaeagnus angustifolia, mit Wacholderarten (blaugrauen Arten), Lycium halimifolium (Nr. 669), Salix daphnoides (Nr. 810), Rosa spinosissima-Sorten (Nr. 758), Blaugräsern, Eryngium (Nr. 213), Statice latifolia (Nr. 451) und anderen Dünen- und Trockenheitspflanzen anordnen. Höhe bis 6 m. Blüte unbedeutend. Die „Männchen“ sind im laublosen Zustand im Nachwinter an den dickeren Knospen leicht zu erkennen.

638. Holodiscus discolor ariaefolius, *Scheinspiere (Rosengewächse)* ☼–◑ ⊥ ✽ ✂
Heimat: Nordamerika. Wertvoller Spätsommerblüher von 3 m Höhe und noch stärkerer Breite. Die cremeweißen dichten, großen Blütenrispen erscheinen an überhängenden Zweigen. Verträgt auch Schatten, daher als Unterholz unter größeren Bäumen geeignet. Aber auch sonnig als Einzelgehölz sehr wirkungsvoll.

639. Hydrangea arborescens grandiflora, *Hortensie (Steinbrechgewächse)* ☼–◑ ⎍ ✂
Heimat: Nordamerika. Eine 1,50 m hohe, schattenverträgliche Hortensie, deren Wert in den großen, bis 15 cm breiten weißen Doldenrispen liegt. Liebt nährstoffreichen, feuchteren Boden in geschützter Lage. Ein Rückschnitt im Winter fördert den Blütenreichtum (7/10).

640. Hydrangea macrophylla „Bouquet Rose“, *Hortensie*
Heimat: Japan. In vielen Landschaften Deutschlands sehr beliebte Gartenpflanze mit riesengroßen Blütendolden bis zu 25 cm Durchmesser. Mit Kali-Alaun oder Ammoniak läßt sich die rosa Blüte leuchtend blau färben. Umgekehrt bewirkt Kalkzusatz auf solchen Böden, auf denen die Blüten blau sind, daß sie wieder rosa werden. Treibt wie eine Staude nach strengen Wintern wieder Jungtriebe aus dem Boden. Schwierig in einem naturhaften Garten unterzubringen. Höhe ca. 80 cm.

641. Hydrangea paniculata grandiflora, *Rispenhortensie, Sommerflieder*
Heimat: China–Japan. Bekannte Pflanze der norddeutschen Bauerngärten bis hinauf in die nordischen Länder. Über 2 m hoch, überreich von Juli–September blühend in großen, oft gewaltigen cremeweißen Blütenrispen, deren Farbe während des Blühens in Rosa übergeht. Die Dolden bleiben bis in den Winter hinein am Strauch, so daß Rauhreif oder Schneefall noch einmal eine Scheinblüte hervorbringen. In sonniger Lage auf gut feuchtem, nahrhaftem Boden am schönsten.

642. Hypericum calycinum, *Rose von Sharon (Hartheugewächs)* ☼–● △
Heimat: Südosteuropa–Kleinasien. Liebenswerter, staudenähnlicher Halbstrauch zur Bodendeckung im Halbschatten. Die unterirdischen Ausläufer bilden bald einen dichten Teppich. Gedeiht aber auch in der Sonne, verträgt selbst dichten Schatten, also eine Universalpflanze zum Begrünen von kahlen Gartenplätzen unter Gehölzen und Bäumen. Dazu kommt die sehr schöne 4–5 cm breite goldgelbe Blüte, die im Juli–August das Grün überzieht.

Da selbst trockener Sandboden begrünt wird, bietet das Hypericum vielseitige Verwendungsmöglichkeiten, die wir häufiger wahrnehmen sollten. Höhe 30 cm.

643. Hypericum patulum forrestii, *Johanniskraut*
Heimat: Südwestchina. Bis 1,50 m hoher Strauch, der unermüdlich leuchtend goldgelb mit 5 cm großen Blüten von Juli–September blüht. Auch sehr schön im Steingarten.

644.–645. Ilex, *Stechpalme, Hülse (Stechpalmengewächse)* ◑–●
△
Heimat: Europa, Amerika, China, Japan. Meist immergrüne, wertvolle Gehölze, die im Garten als schattenverträgliche Pflanzen überall eine vermittelnde Rolle zwischen vielen Gehölzen übernehmen. Bei Anpflanzung mehrerer Exemplare ist auch die Befruchtung der meist zweihäusigen Hülsen gewährleistet, d. h., sie können im Herbst bis weit in den Winter hinein ihre korallenrote Beerenpracht entfalten. Gedeihen auf fast allen Bodenarten, müssen nur genügend Feuchtigkeit und Schutz vor austrocknenden Ostwinden, besonders im Winter, haben. Eine Laub-Torfmulldecke sorgt für beste Überwinterung. Seeklima richtig.

644. Ilex pernyi, *Chinesische Hülse*
Schwachwachsender Strauch mit stark bedornten, kleinen, viereckigen, dunkelgrünen Blättern. Sehr schön an halbschattigen Plätzen im Steingarten. Hellrote, runde Frucht.

645. Ilex aquifolium, *Heimische Stechpalme*
Heimat: Südeuropa, Alpen bis 1200 m. In Nordwestdeutschland, so weit der Einfluß des atlantischen Klimas reicht, häufig in Eichen-Buchen-Wäldern auf kräftigem, z.T. auch sandig-humosem, aber leicht beschattetem Boden. Das Laub ist stark gezähnt, erst im Alter bilden sich lorbeerartige, glatte Blätter. Läßt sich auch als wehrhafte Hecke ziehen und kann in jedem Garten hunderterlei Aufgaben erfüllen. Höhe bis zu 10 m.

646. Indigofera gerardiana, *Indigostrauch (Schmetterlingsblütler)*
☼ △
Heimat: Himalaja. Bis 1 m hoch, zierlich belaubt, Blüte 7/10. Besitzt als frostgewohnter Strauch die Fähigkeit, im Frühjahr nach strengen Frösten wieder von unten her auszutreiben. Großblumiger, aufrechter und insgesamt schöner ist Indigofera kirilowii. Beide Sorten müssen gute Bodendecke für den Winter erhalten!

647.–648. Juglans regia, *Walnuß (Walnußgewächse)* ☼ ⊥
Heimat: Südeuropa-Asien. Bekannter und beliebter Baum großer Gärten, Bauernhöfe und Alleen. Er erreicht eine Höhe von 20 m und baut eine breite, mächtige Krone auf. Das aromatische Laub ist von eigenartiger Schönheit. Der Segen an schmackhaften Walnüssen kommt im Herbst hinzu und erhöht den Gartenwert des Baumes, genauso wie die ihm nachgerühmte Eigenschaft, durch seinen Duft die Mücken fernzuhalten.
Im Park werden auch andere Walnußarten gern als malerische Bäume angepflanzt. Juglans nigra, die amerikanische Schwarznuß, Juglans sieboldiana cordiformis, die japanische Walnuß, mit überreichem Fruchtbehang steiniger Nüsse.

649. Kerria japonica, *Kerrie, Ranunkelstrauch (Rosengewächse)*
Heimat: China. Bekannter, gelbblühender Zierstrauch mit grünen Zweigen, die auch im Winter ihre grüne Farbe behalten. Ausgezeichneter Schattenstrauch. Höhe 2 m, Blütezeit 5/6. Kerria japonica

pleniflora (siehe Abbildung), der gefüllte Ranunkelstrauch, wächst straffer und stärker, und seine Blüten halten länger.

650. Kalmia latifolia, *Lorbeerrose, Kalmie (Heidekrautgewächse)* ☼–◑ △ ⊥̲
Heimat: Nordamerika. Immergrüner Strauch von 2 m Höhe, Blüte 5/6. Die rosa-roten Blütendolden haben ihm den Namen „Porzellanblümchen" eingetragen. Verträgt Halbschatten, blüht aber auf gutem feuchtem Humusboden (sauer) in der Sonne reicher.

651. Kolkwitzia amabilis, *Kolkwitzie (Geißblattgewächse)* ☼–◑ ⊥
Heimat: China. Eigenartig schönes Einzelgehölz von 2 m Höhe, langsam wachsend, im Mai–Juni zauberhaft rosa mit unzähligen Blütenglöckchen blühend. Ein ärmerer Boden fördert die Blühwilligkeit.

652. Laburnocytisus adami, *Pfropfbastard zwischen Goldregen und Geißklee* ☼–◑ ⊥̲
Eine sogenannte Chimäre, in der die Eigenschaften von zwei ganz verschiedenen Pflanzen, gelbe Blüten vom Goldregen und purpurne von Cytisus purpureus, dazu die Zwischenform mit schmutzigrosa Blüten, auf einem Stamm erscheinen.

653.–654. Laburnum alpinum, *Alpengoldregen (Schmetterlingsblütler)* ☼–◑ ⊥̲ ⚔
Heimat: Südalpen. Giftig! Höhe 5–10 m. Liebt feuchteren Boden als die anderen Goldregenarten. Blütezeit ca. 10 Tage später als Laburnum vulgare. Alle Laburnum wirken prächtiger, wenn sie mit Rotdorn (Nr. 596–598), blauen Fliedersorten und blauen bis violettblauen Stauden wie Iris (Nr. 263–275) gemeinsam stehen.
Laburnum vulgare, aus Südeuropa, kalkliebend. Bis zu 10 m hoher baumartiger Strauch. Blütezeit 5/6. Laburnum watereri, eine Kreuzung beider genannten Arten, hat sehr lange Blütentrauben (45 cm). Am schönsten ist die Abart Laburnum watereri vossii mit noch längeren Trauben und stärkerem Wuchs. Blütezeit 5/6.

655. Lavandula officinalis, *Lavendel (Lippenblütler)* ☼ △ ⩓
Heimat: Südeuropa. Altbekannter Halbstrauch, dessen aromatische Wirkstoffe sich die Menschen schon seit alters her in vieler Form zunutze machten. Ein graulaubiger kleiner Strauch mit lichtviolettblauen Blütenständen. Kann als niedrige Hecke angepflanzt werden, heute mehr als Steingartenpflanze verwendet.

656. Ligustrum vulgare, *Gemeine Rainweide (Ölbaumgewächse)* ☼–● ⩓ ⊥̲
Heimat: Europa, Nordafrika. Als Heckenstrauch weltbekannt, aber auch als wichtiges Vogelschutzgehölz (Beeren) und als frei wachsendes Gehölz in Windschutzanlagen. Verträgt Sonne wie auch Schatten. In größeren Gartenanlagen wird zwischen den Deckgehölzen häufig die immergrüne Abart Ligustrum vulgare atrovirens angepflanzt. Höhe 2–5 m.

657. Ligustrum ovalifolium, *Wintergrüner Liguster*
Als etwas frostempfindliche immergrüne Heckenpflanze bekannt. Friert in kalten Wintern oft bis auf den Boden zurück.

658. Ligustrum vulgare atrovirens, *Immergrüner Liguster*
Eigenschaften wie Nr. 656.

659.–661. Liriodendron tulipifera, *Tulpenbaum (Magnoliengewächse)* ☼ ⊥ ⊥̲
Heimat: Nordamerika–Pennsylvania. Mächtiger, geradstämmiger Parkbaum für nährstoffreichen, ausreichend feuchten Standort (Uferränder) auf kalkärmerem Bo-

den. Das große, spitz gelappte Blatt sieht aus, als wäre die mittlere Spitze mit der Schere herausgeschnitten. Prachtvolle goldgelbe Herbstfarbe. Blüte (6/7) verschwindet zumeist im üppigen Laub. Höhe 25 m.

662.–668. Lonicera, *Heckenkirsche (Geißblattgewächse)* ☼–● ♎ ⎍

Heimat: von Europa bis Japan, von Turkestan bis Nordamerika, von Südrußland bis Kalifornien. Zumeist anspruchslose, schattenverträgliche Sträucher, deren Blütenreichtum und Fruchtbehang sie auch im Garten an vielen Stellen begehrt macht.

662.–663. Lonicera maackii, *Korea-Heckenkirsche*

Bildet einen bis 5 m hohen handfesten Strauch, breit ausladend, Mai–Juni dicht mit duftenden gelbweißen Blüten überschüttet, im Herbst voll leuchtendroter Beeren. Sie haften bis in den Winter.

664.–665. Lonicera pileata, *Immergrüne Heckenkirsche*

Heimat: Mittelchina. Niedriger, schattenverträglicher Kleinstrauch mit glasig-violetten Beeren, wobei aber den Früchten geringere Bedeutung zukommt als dem überall frisch gedeihenden Strauch. Zwischen Immergrünen und Azaleen, unter lichtem Gehölz erfüllt er große Gartenaufgaben. Noch gefälliger die Abart Lonicera pileata yunnanensis mit ihrem breiten Wuchs.

666. Lonicera nitida, *Myrtenblättrige immergrüne Heckenkirsche*

Heimat: Westchina. Dieser feinlaubige, immergrüne Strauch kann bis über 1,50 m hoch und sehr breit werden. Ebenfalls ein dankbares Gartengehölz.

667. Lonicera syringantha wolfii, *Heckenkirsche*

Heimat: Nordwestchina. Reichblühender Strauch mit erbsengroßen roten Beeren. Bis zu 3 m hoch. Besondere Eignung als Deckstrauch und als Vogelschutzgehölz.

668. Lonicera tatarica, *Tatarische Heckenkirsche*

Heimat: Südrußland, Asien. Ausgezeichnetes Schattengehölz und Deckstrauch, genau wie Lonicera xylosteum, die heimische Heckenkirsche. Beide sind Wirte für die Kirschfliege und dürfen in der Nähe von Kirschbäumen nicht angepflanzt werden! Höhe von beiden Arten 3 m.

669. Lycium halimifolium, *Bocksdorn (Nachtschattengewächse)* ☼–◑ ⍓ ♎ ⎍ ❦

Heimat: Mittelmeerländer. Stark wuchernder, anspruchsloser Dünen-Halden-Küstenstrauch, zur Befestigung von steilen Böschungen u. ä. bei größter Trockenheit. Zweige lang überhängend, bedornt. Blüte purpurlila von Mai bis in den Herbst blühend, Früchte leuchtend rot.

670.–673. Magnolia, *Magnolie, Biberbaum (Magnoliengewächse)* ☼ ⊥ ⎍ ✂

Heimat: China–Japan–Korea. Bekannte und sehr beliebte Frühlingsblüher, die vor dem Laubaustrieb mit ihren gewaltigen, aufrecht stehenden weißen, rosa, bis purpurrosa Blüten den Frühling verkünden. In der Heimat stellen sie z. T. hohe Waldbäume (25 m). Sehr selten werden bei uns einige Arten noch baumartig und mächtig groß. In kleineren Gärten lassen sie sich oft schwer unterbringen, da sie ausgesprochene Charakterpflanzen sind, die viel Platz für sich allein beanspruchen. Nur die Magnolia stellata, die Sternmagnolie, verträgt sich besser mit den übrigen Gartengewächsen. Voraussetzungen für alle Arten sind eine wind- und spätfrostgeschützte Lage und ein nährstoffreicher, feuchter, meist nicht kalkhaltiger Boden.

670. Magnolia tripetala, *Regenschirmmagnolie*
Die großblättrigste Art aller Magnolien mit Blättern von bis zu 50 cm Länge. Höhe 8–10 m. Wird in England „Umbrella-tree“ (Regenschirm-Baum) genannt.

671. Magnolia parviflora (sieboldii), *Sommer-Magnolie*
Heimat: Japan–Korea. Diese mehr in die Breite wachsende Magnolie blüht im Sommer und überrascht bis zum Herbst mit ihren feinen weißen und duftenden Blüten, deren Staubfäden sich rosarot vom Weiß der Blütenblätter abheben.

672. Magnolia soulangeana, *Seerosenmagnolie*
Altbekannte Hybride mit weißlichrosa Blüten, rötlich gestreift. Höhe bis 6 m, Blütezeit 4/5. Verlangt sauren Boden, da sonst das Laub gelb wird.

673. Magnolia stellata, *Sternmagnolie* ⊥ △
Dieser langsam wachsende Strauch eignet sich auch für den Steingarten. Kann später eine Höhe von 4–6 m erreichen. Die Magnolia stellata ist zur Blütezeit (3/4) von unbeschreiblicher Schönheit. Sie liebt einen sauer reagierenden, leicht anmoorigen Boden.

674.–676. Mahonia aquifolium, *Mahonie, Fiederberberitze (Berberitzengewächse)* ☼–●
Heimat: Nordamerika. Universalgehölz zur Unterpflanzung unter Bäume und Gehölze. Verträgt Schatten, leidet nicht unter Tropfenfall, paßt als Füllstrauch zu Rhododendron- und Azaleenpflanzungen, eignet sich zur Abpflanzung von Häusern an ungünstigen Nord- und Nordwestseiten, kann in großen Gruppen als Vorpflanzung vor höheren Gehölzflächen Verwendung finden. Das immer- bis wintergrüne blanke Blatt leidet in schneelosen, windigen Wintern, aber die Pflanze treibt im Frühjahr willig wieder aus. Höhe 1 m. Blütezeit 4/5 mit leuchtend gelben Trauben, denen später im Sommer die blaubeerartig bereiften Früchte folgen. Wichtiger Bienenstrauch.

677.–678. Malus floribunda, *Zierapfel, Kirschapfel (Rosengewächse)* ☼ ⊥
Heimat: Wahrscheinlich Japan. Alle „Paradiesäpfel“ sind landschaftlich als Einzelbaum oder in großen Gruppen als Windschutzstreifen sowohl in der freien Landschaft als auch in Park und Garten stets erfreuliche, ausgezeichnete Blüten- und Fruchtgehölze. Es sollten am besten Büsche, nicht aber Halb- oder Hochstämme gepflanzt werden, wenn nicht ein ganz besonderer Grund dazu vorliegt. Höhe bis 10 m, Blütezeit 5. Blüte außen rosarot, innen weiß, die geschlossene Knospe dunkelrot. Die unzähligen erbsengroßen Früchte sind gelb und rot gefärbt.

679.–680. Malus pumila „John Downie“, *Zierapfel*
Einer der besten 6 m hohen Kirschäpfel, dessen gelbe und rote Früchte sich zu einem ausgezeichneten Gelee verarbeiten lassen.

681. Malus hillieri, *Zierapfel*
Eine Malus floribunda-Hybride, die mit ihren hellrosa halbgefüllten Blüten besonders zu empfehlen ist. Der Malus scheideckeri ist durch diese Sorte weit übertroffen worden. Blütezeit 5/6.

682.–683. Malus purpurea eleyi, *Blut- oder Purpurapfel*
Wirkt im kleinen Garten oft etwas schwermütig in seinem dunklen Gewand, dessen Rot sich bis in die Rinde und Früchte fortsetzt.

684.–685. Malus scheideckeri, *Goldapfel*
Eigenschaften wie Nr. 681.
Ein sehr wichtiger Dornenstrauch als Begleitpflanzung zu anderen, mehr baumartigen Zieräpfeln ist der Japaner Malus sargentii, ein 2,50 m hoher Blütenstrauch, der auch undurchdringliche Hecken und Abpflanzungen ergeben kann. Blüte cremeweiß in großen Mengen. Die Früchte sind blanke gelbrote Kugeln. Herbstfarbe ein leuchtendes Gelbrot. Als sehr wirksames Einzelgehölz, dazu mit 2,5 cm großen, orangeroten Früchten dicht und voll behangen (eßbar!), dient uns Malus prunifolia hybrida, der pflaumenblättrige Zierapfel. Höhe bis 6 m.

686. Mespilus germanica, *Mispel (Rosengewächse)*
Heimat: Südosteuropa. Malerisch wachsendes Einzelgehölz, baumartig, breitkronig, mit weißen, 5 cm großen Blüten, denen später die ledrig-braunen eßbaren Früchte folgen. Diese sind erst nach Frost genießbar.

687. Morus nigra, *Schwarzfrüchtiger Maulbeerbaum (Maulbeerbaumgewächse)* ☼
Heimat: Westasien. Wärme und mildes, feuchtes Klima liebender, großer Baum, dessen Früchte begehrt und eßbar sind. Findet sich auf Bornholm und den südlichen dänischen Inseln frei wachsend. Die himbeerartigen roten Früchte werden erst genießbar, wenn sie schwarzrot sind.
Aus China stammt Morus alba, ein 15 m hoher Baum mit hellweißlichen Beeren, die eßbar sind. Als Futterpflanze für die Seidenraupe auch bei uns im Weinklima angepflanzt.

688. Pernettya mucronata, *Torfmyrte, Perlmyrte (Heidekrautgewächse)* ◑ △
Heimat: Chile. Immergrüner, 40 bis 50 cm hoher Strauch mit stachelspitzen, glänzenden kleinen Blättern. Die über den ganzen Winter haftenden weißen, rosa oder violetten Beeren tragen mit zur Schmuckwirkung dieser Pflanze bei.

689. Paeonia suffruticosa (arborea), *Pfingstrose, Baumpfingstrose (Hahnenfußgewächse)* ☼
Heimat: Nordwestchina. Wärmebedürftiges Gehölz von 1–2 m Höhe, das seine wunderbaren Blumen im Mai–Juni hervorbringt. Schutz vor Spätfrösten! Winterdecke ratsam. Der Boden muß warm, durchlässig, nährstoffhaltig sein, doch hüte man die Pflanzen vor Stalldung! Vor Nadelgehölz, vor Immergrünen und vor warmen Südmauern stehen sie am vorteilhaftesten. In sehr geschützten Gärten auch als Einzelgehölz.

690.–691. Pieris japonica (Andromeda japonica), *Lavendelheide (Heidekrautgewächse)* ◑–●
Heimat: Japan. Bis 3 m hoher immergrüner Strauch mit blankem, dunkelgrünem Laub, das sich nur beim Jungtrieb mahagonirot-gelblich färbt. Blüten in weißen Rispen von März–Mai. Verlangt sauren torfmull-humushaltigen Boden.
Mit Rhododendron, Azaleen u. ä. halbschattig, vor allem windgeschützt zu pflanzen.

692.–693. Philadelphus, *Pfeifenstrauch, Falscher Jasmin (Steinbrechgewächse)* ☼–◑ ✂
Heimat: Von Europa über Ostasien bis Nordamerika. Altbekannte unermüdliche Blutensträucher der Gärten. Es gibt sehr hohe Arten, wie Philadelphus pubescens, Philadelphus grandiflorus, Philadelphus zeyheri, die wegen ihrer Größe (4–6 m) für normale Gärten heutiger Prägung nicht immer in Frage kommen. Sehr beliebt für natür-

liche Blütenhecken, als Blütengruppe am Gehölzrand sind die niedrigen Philadelphus lemoinei-Sorten. Dazwischen liegt der Philadelphus virginalis mit seinen schneeweiß-gefüllten Blütenmassen.

692. Philadelphus coronarius, *Falscher Jasmin*
Wird 3 m hoch. Wuchs mittelstark, gedrungen, Blütezeit 5/6 mit cremeweißen, streng duftenden Blütenwolken. Gedeiht am besten auf trockenen Böden.

693. Philadelphus virginalis, *Falscher Jasmin*
Höhe 2–3 m, Blütezeit Ende 6/7 in unwahrscheinlicher schneeweißer Fülle. Stark duftend. Sehr gute Philadelphus-virginalis-Sorten sind: „Bouquet blanc" 1,50–2 m, „Girandole" 1,50–2 m mit 5 cm großen Einzelblüten, die in dichter Traube im Juni–Juli erscheinen.

694.–696. Platanus, *Platane (Platanengewächse)* ☼ ⊥ ♁ ⫪
Heimat: Südeuropa, Asien und Nordamerika (Platanus orientalis und Platanus occidentalis). Aus beiden entstand der Bastard Platanus acerifolia, der sich allgemein als härteste Platane gegen Frost, Rauch und Abgase erwiesen hat. Typisch ist der Stamm mit der in großen Tafeln abblätternden Rinde, wodurch er gescheckt braun, gelb, weiß, grünlich erscheint. Nur als Park- oder Alleebaum anzuwenden, da seine Größe - bis 30 m hoch, bis 20 und 25 m Kronendurchmesser! – in Gärten nicht genügend Raum findet. Liebt kalkhaltige, durchlässige, warme Erde. Reizvoll sind die in Mengen herabhängenden kugelrunden Samenbälle, die besonders im unbelaubten Zustand und bei Rauhreif oder Schnee wunderlich aussehen.

697.–702. Populus, *Pappel (Weidengewächse)* ☼ ⫪ ❧
Heimat: Europa, Asien, Amerika. Als Gartenpflanze kommt sie fast gar nicht in Frage, da sie mit ihrem rabiaten Wurzelwerk nicht zu bändigen ist. Dazu dringt sie in Drainagesysteme, in Kanalisationen verstopfend und sprengend ein und frißt den Boden leer. Es gibt leider unzählige Gartenbesitzer und auch phantasielose Gärtner, die immer wieder ganze Pappelhecken als raschen Sichtschutz entlang der Grenze pflanzen. Etwas Ungeeigneteres für diesen Zweck gibt es in der gesamten Botanik kaum!

697. Populus alba, *Silberpappel*
Heimat: Südeuropa, Asien. Trokkenheit vertragender, gewaltiger, breitkroniger Baum von 30 m Höhe mit ausgedehntem Wurzelwerk, dem überall Jungpflanzen aus Wurzelaugen entsprießen. Daher wertvoll für Ufer- und Dünenbefestigung.

698. Populus canescens, *Graupappel*
Heimat: Europa, Westasien. Eigenschaften wie Nr. 697. Wertvolles Holz.

699. Populus berolinensis, *Berliner Lorbeerpappel*
Ein bis 25 m Höhe erreichender pyramidaler Baum, ähnlich der Populus nigra (italica), der typischen „Spitzpappel" alter Heerstraßen. Wichtig für Sicht- und Windschutzpflanzungen bei großräumigen Anlagen. Straßenbaum.

700. Populus lasiocarpa, *Großblattpappel*
„Rhabarberpappel" wird sie wegen ihrer ungewöhnlich großen Blätter (bis 35 cm Länge) im Dänischen genannt. Ein Parkbaum, der an feuchten Plätzen und Ufern den Eindruck üppiger Vegetation noch verstärkt. Höhe 15 m.

701. Populus nigra pyramidalis, *Italienische Pyramidenpappel*
Heimat: Europa, westliches Asien.

Bei nicht zusagenden Böden Spitzendürre und häßliches Aussehen. Verlangt guten, frischen, tiefgründigen, genügend feuchten Boden, dann entwickeln sich die schlanken Säulen in schönster Weise. Windschutzpflanzungen. Höhe 20–25 m.
In diesem Zusammenhang sei die Duftpappel, Populus balsamifera (Heimat: Amerika), nicht vergessen. In großen Parks und Gärten gehört der balsamartige, weithinstreichende Duft aus den klebrigen Knospenschuppen mit zu einem richtigen Frühjahr. Ähnlich duften die Knospen von Populus trichocarpa.

702. Populus tremula, *Zitterpappel, Espe, Aspe*
Heimat: Europa, Nordafrika, Sibirien. Diese ewig flüsternde und mit den langgestielten Blättern flatternde Pappel liebt mehr trockenere Standorte und wird daher auch mit Gehölzen wie Eberesche (Nr. 818–819), Fichten (Nr. 921–930) und Parkrosen, Ilex (Nr. 644–645), Birken (556–557) u. ä. gemeinschaftlich angepflanzt. Begrünt trockene Hänge von Industriehalden gemeinsam mit Rot- und Grauerle als wackere Pionierpflanze. Höhe 20 bis 30 m, ausläufertreibend, oft aber vielstämmig-strauchartig. Herbstfarbe!

703. Potentilla fruticosa, *Gelber Fingerstrauch (Rosengewächse)* ☼ ⩠ △ ❀
Heimat: Nördliches Europa. Höhe 1,50 m. Von Mai–August mit vielen goldgelben Blüten übersät. Verlangt trockenen, mageren Boden in voller Sonne, gedeiht aber auf etwas besserem Standort auch sehr gut. Im Steingarten, für heiße Böschungen, Vorpflanzung von anderen Gehölzen und als ungeschnittene Blütenhecke zur Abgrenzung sonniger Vorgärten. Ältere Sträucher beim Nachlassen der Blühkraft kurz herunterschneiden.

704. Potentilla fruticosa farreri
Bleibt niedriger und ist buschiger als die Art. Die etwas größeren goldgelben Blüten erscheinen überreich vom Frühjahr bis zum Herbst. In Heidegemeinschaften von Kiefern in größerer Menge locker angepflanzt, lassen sich naturhafte, ausgezeichnete Dauerwirkungen erzielen. Sonst wie Nr. 703.

705. Potentilla fruticosa veitchii, *Weißer Fingerstrauch*
Dieser 1,50 m hohe und sehr breit ausladende Strauch ist zu Beginn der Blütezeit am üppigsten, läßt während des Sommers etwas nach.

706.–718. Prunus, *Kirsche, Pflaume, Pfirsich, Mandel (Rosengewächse)* ☼–◑ ❀ ⨼ ✂

706. Prunus amygdalus, *Echte Mandel*
Heimat: Südwestasien. In den Mittelmeerländern in Kultur zur Erzeugung der begehrten Mandeln. An geschützten Stellen oder an Südmauern, im Weinbaugebiet bis in die atlantisch beeinflußten Küstengebiete, ja selbst noch in Südschweden und auf der Insel Gotland lassen sich diese bis zu 4 m Höhe erreichenden Bäume im Freien ziehen. Wenn es gelingt, die im April erscheinenden Blüten vor Frösten zu bewahren, setzen die Sträucher echte hartschalige Mandeln an.

707. Prunus avium, *Wilde Vogelkirsche*
Heimat: Europa. Bekannter Waldbaum auf kalkhaltigen Böden, erreicht bis 20 m Höhe. Hervorragendes Blüten- und Vogelschutzgehölz der freien Landschaft. Im Garten wird gern die Abart Prunus avium plena (siehe Abbildung) mit ihren schneeweißen, gefüllten Blüten angepflanzt.

708. Prunus cerasifera pissardii nigra, *Blutpflaume*

Sollte stets als Heister in bis unten belaubter Form gepflanzt werden. Oft mehrstämmige, baumartige Sträucher, die bis zu 8 m hoch werden können. Beim Austrieb erscheinen die rosa-weißen Blüten zugleich mit dem aufbrechenden dunkelroten metallisch glänzenden Laub. Später trägt der Baum rote pflaumenartige Früchte. Als Solitärgehölz in Einzelstellung oder inmitten gelb- und buntlaubiger anderer Gehölze.

709. Prunus laurocerasus, *Kirschlorbeer, Lorbeerkirsche*
Heimat: Balkan, Kleinasien. Bekannter immergrüner Strauch für halbschattige bis schattige Pflanzung zwischen Waldgehölzen, Bäumen, Ilex (Nr. 644–645), Rhododendron (Nr. 727–737), aber auch in voller Sonne gedeihend. Der Boden soll möglichst humus- und nährstoffreich sein, um so üppiger ist die Entwicklung. Auf zusagendem Boden wird Prunus laurocerasus bis 3 m hoch.
Prunus laurocerasus herbergii mit lorbeerähnlichem Blatt zeichnet sich durch seine besondere Winterhärte aus. Auch Prunus laurocerasus macrophylla mit dunkelgrünem, breitem Blatt und breitem, überhängendem Wuchs ist ausgezeichnet zur Anpflanzung geeignet. Blütezeit 5/6.

710. Prunus padus, *Gemeine Traubenkirsche, Ahlkirsche, Faulbaum*
Heimat: Europa, Asien, Korea–Japan. Bekannter Frühjahrsblüher von baumartigem Wuchs, 15 m hoch. Blütezeit 4/5 mit langen, weißen Rispen, streng duftend. Verträgt auch Schatten; unter hohen Bäumen als Unterholz zu verwenden.

711.–712. Prunus spinosa, *Schlehdorn*

Heimat: Europa, Nordafrika, Westasien. Ausgezeichnetes heimisches Dornengehölz für Wind- und Vogelschutz. Für Befestigung von Hängen durch sein großes Wurzelwerk wie geschaffen. Kalkgehalt des Bodens ist Voraussetzung für gutes Gedeihen. Vor dem Laubaustrieb weiß blühend. Runde blaue Früchte. Höhe bis 4 m. Eines der genügsamsten Feldgehölze.

713. Prunus tenella, *Zwergmandel*
Heimat: Südosteuropa, Westasien. 1 m hoher Strauch, der sich durch Wurzelschosse ausbreitet. Gut geeignet als Untergehölz unter hohen, lichten Bäumen und zwischen Immergrünen. Blütezeit 5.

714. Prunus serrulata „Hisakura“ (Kanzan), *Japanische Blütenkirsche*
Viel bewundert werden vom Laien die wie in einem Farbenrausche blühenden Zierkirschen aus dem „Land der Kirschenblüte“. Im Garten entfaltet ein als Busch und nicht als Hochstamm gepflanzter japanischer Kirschenstrauch seine fremdartige Farbwirkung. Aber das sollte immer nur an der richtigen Stelle erfolgen. „Hisakura“ blüht zugleich mit dem austreibenden rotbraunen Frühlingslaub, zu welchem die leicht bläulich-rosa Blütenfarbe nicht ganz glücklich paßt. Höhe 7–10 m.

715. Prunus serrulata „Amanogawa“
Aufrechter, straffer Wuchs. Blüte halbgefüllt, 4,5 cm Durchmesser, hellrosa, duftend.

716. Prunus serrulata „Mount Fuji“
Sehr schöne reinweiße Sorte, deren Blüten im zunehmenden Alter halbgefüllt an leicht hängenden Zweigen erscheinen. Einzelblüte bis 5 cm groß, zu dreien vereint.

717. Prunus subhirtella, *Japanische Bergkirsche*
Einer der reichsten Blüher unter den Kirschen überhaupt und besonders früh. Die Blüte rötlich-

weiß 4/5. Baumartiger Strauch bis zu 10 m Höhe, meist aber niedriger. Die Abart autumnalis beginnt in milden Wintern bereits im November zu blühen. Die Abart plena, zumeist strauchartig, 3–5 m hoch, ist ein ausgezeichneter Frühjahrsblüher mit weißen, rosa überhauchten, gefüllten großen Blüten.

718. Prunus triloba plena, *Mandelbäumchen*

Wir sollten ihn stets als Strauch anpflanzen, der gemeinsam mit anderen Gehölzen wächst. Dann wirken auch die perlschnurartig mit den gefüllten rosa Mandelblüten besetzten Zweige lockerer und gefälliger. Da die Knospen sich nur am vorjährigen Holz in ausreichender Menge bilden, ist es ratsam, nach der Blüte die Zweige stark einzukürzen, um viele Jungtriebe zu erzeugen, die im kommenden Frühling das Blühen übernehmen. Blütezeit 4/5. Einige Knospenzweige können auch laufend ab Dezember zum Treiben in Vasen gestellt werden.

719. Pterocarya fraxinifolia, *Kaukasische Flügelnuß (Walnußgewächse)* ☼ ⊥

Heimat: Kaukasus. Prachtvoller, malerischer, zumeist mehrstämmiger Baum mit langen, eschenähnlichen Blättern, die sich sehr weit in den Herbst hinein am Baum halten. Wie an 45 cm langen Schnüren aufgereiht, hängen im Herbst die Fruchttrauben mit den Flügelnüssen an den Zweigen. Verlangt feuchten, nährstoffreichen Humusboden und steht günstig in Parks, an Uferstreifen, auch in Trupps zu mehreren verteilt. Höhe bis 20 m.

720. Ptelea trifoliata, *Hopfenstrauch, Lederblume, Kleeulme (Rautengewächse)* ☼–◑

Heimat: Östliches Nordamerika. Baumartiger Strauch, sehr häufig mehrstämmig wachsend, bis 7 m hoch. Am besten ist dieser dreilappig belaubte Strauch in Einzelstellung wirksam, wo er besonders durch seine Wuchsform und durch die nach der unscheinbaren Blüte ansetzenden hopfenähnlichen und dicken Fruchtstände interessant wird. Stauende Nässe, hoher Grundwasserstand sowie zu feuchter Standort sind ungeeignet. Am besten ist trockener durchlässiger Boden und ein Platz in der Sonne.

721.–722. Pyracantha coccinea, *Feuerdorn (Rosengewächse)*
☼ ⊥ △ ✂

Heimat: Rußland, Südeuropa, Westasien. Einmalig schöner immergrüner Blüten- und Beerenstrauch! Höhe bis zu 4 m. Als Einzelstrauch oder inmitten der Gehölzpflanzung, im Steingarten, vor hellen sonnigen Hauswänden, als spalierartig gezogene Pflanze, die mehrere Quadratmeter heller Wandflächen malerisch bedeckt, oder als locker gepflanzte ungeschnittene Fruchthecke: immer wird der gesamte Garten lebendige Impulse vom Feuerdorn empfangen. Der Boden sei durchlässig, warm, besser trocken als feucht. Schwere Böden mit Sand und Torfmull auflockern! Die in schweren Bündeln erscheinenden, leuchtend feuerroten Früchte haften bis weit in den Winter hinein, soweit sie nicht von Gartenvögeln verzehrt werden.

Pyracantha coccinea Kasan ist für die genannten Zwecke der schönste Feuerdorn. Niedriger, aber sehr breit Pyracantha coccinea praecox und „Auslese-Typ G“ als malerisches Gehölz im Vorgarten oder Steingarten.

Alle Feuerdorne lassen sich nur ungern und mit viel Ausfall als ältere Pflanze umsetzen. Daher werden sie zumeist nur als junge Pflanze mit Topfballen in Größen von 20/30–80/100 cm geliefert. Stecklingspflanzen von ausgesucht reichtragenden Mutterpflanzen haben den Vorteil früherer und sicherer Fruchtbarkeit, während Sämlingspflanzen mehr Zeit brauchen und oftmals geringer fruchten. Blütezeit 6, rote Beeren ab 8.

723.–724. Quercus rubra (Quercus borealis maxima), *Roteiche (Buchengewächse)* ☼ ⊥ ♎ ⚘
Heimat: Nordamerika. 25–50 m hoher Baum mit breiter Krone. Das Laub ist spitzlappig, rot beim Austrieb, später dunkelgrün. Herbstfarbe brennend Scharlach bis Braunrot. Da sie raschwüchsiger als unsere heimische Eiche ist, außerdem weder vom Mehltau noch vom Eichenwickler befallen wird, dazu geringere Bodenansprüche stellt und gegen Schatten unempfindlicher ist, besitzt sie viele Vorteile, die wir im Park, bei der Bepflanzung von Straßen und im Forst beachten müssen. Für die Umpflanzung großer Industriewerke, deren säurehaltige Abgase die meisten Pflanzen schädigen, ist diese Eiche hervorragend geeignet, da ihre etwas lederartigen Blätter weitgehend unempfindlich sind.

725. Quercus pedunculata (Quercus robur), *Stieleiche, Deutsche Eiche*
Heimat: Europa, Westasien. Bis 30 m hoher Wald- oder Einzelbaum mit mächtigem Stamm und breiter Krone, der aus den tiefsten Bodenschichten Wasser und Bodenstoffe heraufholt, die später im verrottenden Laub den übrigen Pflanzen zur Verfügung stehen. Empfindlich gegen Trockenheit und gegen Spätfröste, die oft die gesamte Blüte vernichten.
Die Abart Quercus pedunculata fastigiata (Pyramideneiche) läßt sich wegen ihrer schmalen Säulenform auch gelegentlich in Gärten unterbringen, nur muß dieser strenge, mehr architektonisch bestimmte Baum in Verbindung mit baulichen Elementen oder an betonten Plätzen am besten zu mehreren angepflanzt werden.

726. Rhamnus frangula, *Faulbaum, Pulverholz (Kreuzdorngewächse)* ◑–● ⚘ ♎ ✾ ⚘
Heimat: Europa, Nordafrika, Westasien. 3–7 m hoch, manchmal baumartig. An Wassergräben und anderen feuchten Plätzen, selbst im tiefen Schatten gedeiht dieser beerentragende Deckstrauch. Früchte rot bis schwarz-violett.

727.–737. Rhododendron, *Alpenrose (Heidekrautgewächse)* ☼–◑ ⚘ ✂
Heimat: Östliches Nordamerika, Alpen, Balkanländer, Himalaja, China, Japan. Es gilt bei den Rhododendron zu unterscheiden zwischen den großblumigen, zumeist auch kräftig und höher wachsenden Arten und Sorten und den kleinblumigen, zumeist kriechenden oder zwergwüchsigen Arten und Sorten. Die ersten sind echte Waldpflanzen, die den Schirm hoher, tiefwurzelnder Bäume zum Leben nötig haben und sich im tiefgründigen Waldhumus am üppigsten entwickeln. Die zwergartig wachsenden dagegen gehören zur Zwerggehölzformation der Hochgebirge, deren Lebensgrundlage eine Rohhumusschicht von mehr oder weniger großer Stärke ist, mit gutem Wasserabzug und hoher Luftfeuchtigkeit. Wer von diesen grundsätzlichen Bedingungen ausgeht, wird den Fehler vermeiden, z. B. großblumige Rhododendron an heiße, vollbesonnte Südmauern oder frei in die volle Sonne auf trockenen Boden oder in windgefährdete Lagen zu pflanzen. Er wird aber auch den Zwergarten im Steingarten oder an anderen Plätzen besser gerecht werden. Alle Rhododendron vertragen sehr gut eine herbstliche Düngung aus altverrottetem Kuhdünger und eine Laubdecke vornehmlich aus

saurem Eichenlaub. Gerade für diese Laubdecke oder Torfmullschicht sollten wir jeden Herbst im Garten sorgen. Mineraldünger sind mit Vorsicht, d. h. nur in sauer wirkenden Verbindungen anzuwenden. Nie Kalk!

727. Rhododendron catawbiense grandiflorum
Heimat: Östliches Nordamerika. Lila blühend, wohl einer der meist verbreiteten Rhododendron. Es empfiehlt sich, wie bei allen anderen Arten und Sorten, gleich nach der Blüte die Samenstände herauszuschneiden, um den jungen Knospen die Kraft zukommen zu lassen. Bei Trockenheit muß durchdringend gewässert werden, auch in trockenen Spätherbsttagen, um das große Feuchtigkeitsbedürfnis solcher immergrünen Gewächse auch im Winter zu befriedigen. Blütezeit 5/6. Höhe 2–6 m, starkwachsend.

728. Rhododendron hybridum „Parsons Gloriosum“
Purpurviolett, spätblühend. Sonstige Eigenschaften wie Nr. 727.

729. Rhododendron hybridum „Caractacus“
Weinrot. Spätblühende, starkwachsende Sorte. Eigenschaften wie Nr. 727.

730. Rhododendron hybridum „Pink Pearl“
Lilarosa. Mittelfrüh blühend, nicht zu stark wachsend. Eigenschaften wie Nr. 727.

731. Rhododendron hybridum „Catharina van Tol“
Rubinrosa mit gelbgrüner Zeichnung. Mittelspät blühend, mittelstark wachsend. Eigenschaften wie Nr. 727.

732. Rhododendron ferrugineum, *Echte Alpenrose*
Heimat: Alpen, Pyrenäen. Dieser bis 1 m hohe Strauch verlangt einen kalkfreien Standort auf humosem Mineralboden. Blüte 6/7. Bekommt im Steingarten am besten einen absonnigen, feuchteren Platz an der Nordseite.

733. Rhododendron hybridum „Mrs. P. den Ouden“
Purpurrote, leuchtende Farbe. Mittelfrüh blühend, stark wachsend. Eigenschaften wie Nr. 727.

734. Rhododendron kosterianum (Azalea mollis hybrida)
Heimat der Art: Mittel- und Nordjapan. Diese großblumigen, sommergrünen Azaleen, 1–2 m hoch, stellen in ihren vielseitigen, breitblumigen Sorten einen großen Gartenschatz dar. „Koster's Yellow“ (Abbildung) eine reingelbe Sorte. „Hugo Koster“ zinnoberrot, „Speck's Brillant“ scharlachrot, zinnober überhaucht.
Eine andere Gartenazalee ist die aus Kleinasien–Kaukasus stammende sommergrüne Azalea pontica (Rhododendron flavum), 1–4 m hoch werdend, ohne die ein Gartenfrühling fast undenkbar ist. Der starke Duft der im April–Mai erscheinenden goldgelben Blütenmassen vor dem Laubaustrieb durchzieht einen ganzen Garten. Gute pontica-Sorten: „Coccinea speciosa“ lachs, orange gezeichnet; „Pallas“ lachsrosa mit dunklem Fleck; „Narcissiflora“ hellgelb mit goldgelbem Fleck. Wichtig auch die prächtige Herbstfärbung bei allen Azalea pontica.

735. Rhododendron gandavense (Hybriden mit Azalea pontica)
Siehe Nr. 734 unter Azalea pontica.

736. Rhododendron praecox, *Vorfrühlingsalpenrose*
Immergrüne Hybride, bis 1,50 m hoch. Glänzend hellgrünes kleines Blatt. Ausgezeichneter Vorfrühlingsblüher in windgeschützter Lage, frostgeschützt. Blüte 3/4, dunkel-karminrosa, 4 cm groß.

737. Rhododendron schlippenbachii (Azalea schlippenbachii), *Korea-Azalee*
Heimat: Korea, Japan, Mandschurei. Aufrechter, sommergrüner 1–1,50 m hoher Strauch. Im April–Mai 6–8 cm breite, schwach duftende, zartrosa Blüten. Leuchtend gelbe Herbstfarbe, leicht schattiger Platz.

738. Rhus typhina laciniata, *Schlitzblatt-Sumach, Essigbaum (Sumachgewächse)* ⊥ ♧ ⺁
Heimat: Östliches Nordamerika. Diese bis 3 m hohe Varietät besitzt ihren Gartenwert hauptsächlich durch ihr bizarres Zweiggerüst, die kolbig-behaarten Triebe und die fiederförmigen, tief geschlitzten Laubwedel. Die dicken weiblichen tiefroten Blütenkolben (zweihäusig; männliche Pflanzen haben gelblichgrüne Blütenrispen) und eine phantastische, orange-scharlachrote Herbstfärbung erhöhen den Reiz dieses Gehölzes, das besonders für Einzelstellung hervorragend geeignet ist. Gedeiht sowohl auf trockenen als auch auf feuchten Böden in Ufernähe.

739.–740. Rhus typhina, *Sumach, Essigbaum*
Wie Nr. 738 mit ungeschlitztem Laub. Höhe bis 5 m.

741. Ribes sanguineum, *Blutjohannisbeere (Steinbrechgewächse)* ☼–◑ ⩓ ⺁ ✂
Heimat: Kalifornien. 1,5–2 m hoher Blütenstrauch mit roten Knospen, später verwaschenrosa blühend (4/5).

742. Ribes sanguineum „King Edward VII."
Wesentlich verbesserte Sorte mit tief dunkelroten Blütentrauben, die unverändert rot bleiben. Gedrungener wachsend als die Art.

743. Ribes alpinum, *Alpenjohannisbeere* ☼–● ⩓ ⺁
Heimat: Europa–Alpen. Treibt bereits im Nachwinter ihr frisches helles Grün. Ausgezeichneter Strauch für Schatten. Auch als Heckengehölz gut zu verwenden, da die Hecke erst sehr spät im Herbst das grüne Laub verliert und sich bald wieder begrünt. Höhe bis 2 m. Beste Gartenform Ribes alpinum Schmidt.

744. Ribes aureum, *Goldjohannisbeere* ☼–● ⩓ ⺁
Heimat: Nordamerika. 1,50–2 m hoch, gelb blühend mit eigenartigem pfeffrigem Duft. Als Gartengehölz meist nur zufällig vorhanden, wenn nämlich eine Unterlage von Stachelbeerstämmchen sich durch die reichlichen Wurzelschosse selbständig gemacht hat und als Goldjohannisbeere ihr eigenes Dasein beginnt.

745. Robinia pseudacacia decaisneana, *Rosa Robinie, Scheinakazie (Schmetterlingsblütler)* ☼ ❧ ⺁
Heimat: Östliches Nordamerika. Ein überall auf Unland und trockenen Bahndämmen sich z. T. selbst gewaltig durch Samen und Wurzelausläufer ausbreitender bis 25 m hoher, sehr lichtbedürftiger Steppenbaum. Der späte Austrieb erfolgt im Mai, wenn alle anderen Gehölze schon grün geworden sind. Dann aber setzt bald nach der Begrünung die Überfülle weißer Blütentrauben von starkem, kleeartigem Duft ein. Die abgebildete Varietät Robinia pseudacacia decaisneana blüht hellrosa an leicht stachligen, etwas klebrigen Trieben. Die Robinien können in größeren Gärten oder Parks in ähnlicher Gemeinschaft als bestimmender Leitbaum angepflanzt werden wie die Birke, d. h. in heide- oder heidemoorartiger Pflanzengemeinschaft. Mehrtriebige Solitärpflanzen von Robinia können im größeren Garten in Einzelstellung ausgezeichnete Wirkung erzielen.

746. Rosa canina, *Hundsrose (Rosengewächse)* ☼–◑
Heimat: Europa. Bekannter, bis 3 m hoher, locker überhängender und Ausläufer treibender Strauch. Blütezeit Juni, später voller roter Hagebutten. Für Wind- und Vogelschutzgehölze, Waldränder, Feldraine. Im Garten verwenden wir besser die schöne Varietät Rosa canina von Kiese mit duftenden, karminroten, halbgefüllten Blüten von 8–9 cm Durchmesser.
Diese Rosenarten dürfen nicht dem üblichen Rosenschnitt unterworfen werden, da sie sich ja zu freien Strauchern entfalten sollen! Ein gelegentliches Herausschneiden des alten Holzes nach mehreren Jahren genügt, um immer wieder junge gesunde Triebe hervorkommen zu lassen. Bei der Pflanzung erfolgt allerdings ein scharfer Rückschnitt mit anschließendem Anhäufeln der Zweige, damit der Austrieb kräftig und nicht durch austrocknende Winde und Sonne gestört wird.

747. Rosa carolina, *Amerikanische Hundsrose*
Höhe 1 m, blüht mit einfachen rosa Blüten in großen Dolden. Später viele rote rundliche Hagebutten bis in den Winter hinein. Für Böschungsbefestigung durch ihre Ausläuferbildung und als Zwischenpflanzung zu höheren Parkrosen sehr geeignet.

748. Rosa canina von Kiese
Siehe Text zu Nr. 746.

749. Rosa foetida, *Persische Goldrose*
Heimat: Westasien. Altbekannte Rose der Gärten, bis 1,50 m hoch, von unangenehmem Duft. Blütenfarbe Goldgelb. Meist verwendete Sorte „Persian Yellow", gefüllt, goldgelb. Blütezeit 6.

750.–751. Rosa moyesii, *Tibetanische Bergrose*
Heimat: Tibet. Prachtvolle Wildrose von 3 m Höhe, mit leicht überhängenden Triebspitzen, stark bestachelt. Blüte dunkelrot, einfach, wobei die goldgelben Staubfäden sich leuchtend abheben. Die eleganten, krugförmigen Hagebutten sind von großem Zierwert. Verträgt sich ausgezeichnet mit Feuerdorn (Nr. 721–722).
Rosa moyesii superba blüht dunkelrot-gefüllt. Rosa moyesii Nevada (1927) weiß-gelb, großblumig. Die reiche Blüte setzt früh ein, dann nachblühend bis zum Herbst.

752. Rosa hugonis, *Frühe chinesische Goldrose*
Heimat: China. Früheste der Strauchrosen, die bereits im Mai mit ihren feinen, unzähligen goldgelben Blüten überschüttet ist. So zierlich wie die feinfiedrige Belaubung ist auch der Wuchs. Kann bis zu 3 m hoch werden, wenn sie viele Jahre eingewachsen ist. Die Breite entspricht ungefähr der Höhe. Verlangt kalkhaltigen Boden. Eine der wertvollsten Rosen dieser Art für Einzelstellung und als Gruppenpflanze im Rasen. Sehr schön wirkt sie gemeinsam mit der zur gleichen Zeit blühenden Rosa willmottiae, ihrer chinesischen Landsmännin mit rosa-karminroten Blüten.

753. Rosa omeiensis, *Feuerstachelrose*
Findet im Garten am besten Verwendung in ihrer Varietät pteracantha. Siehe Text zu Nr. 754.

754. Rosa omeiensis pteracantha, *Feuerstachelrose*
Die sehr feingefiederte Belaubung, dazu die an den Jungtrieben leuchtend rote Bestachelung, die noch frühere reinweiße Blüte als bei Nr. 752 machen auch diese Rose zu einer sehr begehrten Gartenpflanze. In Einzelstellung oder gemeinsam mit anderen Arten. Höhe bis 3 m. Blütezeit 5.

755.–756. Rosa rugosa, *Japanische Apfelrose, Kartoffelrose*

Heimat: China, Korea, Japan. Eine sehr wichtige Hecken- und Strauchrose, besonders schön für dichte, ungeschnittene Blüten- und Fruchthecken. Die bis 2 m hohen Zweige sind dichtborstig bestachelt. Die remontierende Blüte ist ungefüllt, groß dunkelrosa und weiß (var. alba). Früchte sind große kugelrunde Hagebutten, deren Vitamingehalt sie auch für den Haushalt sehr wichtig macht (Hagebuttenmark!). Verlangt einen leicht sauren, nicht trockenen Boden, um sich üppig zu entwickeln.
Im Garten verdienen die gezüchteten Sorten der rugosa viel größere Aufmerksamkeit. „Conrad Ferdinand Meyer" (1899) edelrosengleiche, dicke, gefüllte und berauschend voll duftende, seidenrosa Blüten. Pflanze stark bewehrt, 3 m hoch, aufrecht wachsend, bis zum Herbst nachblühend. Eine einzige Blüte erfüllt eine ganze Wohnung mit ihrem Rosenduft! „Dr. Eckner" (1931) stark duftend, edelrosengleich, gut gefüllt, kupfrigrosa auf gelbem Grundton, stark wachsend, 3 m hoch. „F. J. Grootendorst" (1918) und „Pink Grootendorst" (1923), zwei Sorten, die sich als großflächige Vorsträucher vor höheren Rosen oder Gehölzrabatten wegen ihres unermüdlich in dichten Trauben erscheinenden Blütenflors ganz besonders eignen. „F. J. Grootendorst" ist vollgefüllt leuchtendrot, „Pink Grootendorst" ist reinrosa mit nelkenartigen Blüten.

757. Rosa rubiginosa (eglanteria,) *Schottische Zaunrose*

Heimat: Europa. Eine der wehrhaftesten Heckenrosen mit apfelartig duftendem Laub und 3 cm breiten roten Blüten. Wichtiges Vogelschutzgehölz und als Windschutzpflanze in der freien Landschaft und im Park geeignet. Früchte scharlachrot. Wird auch mit Erfolg zur Haldenbegrünung verwendet.
Gute Sorten: „Fritz Nobis" (1940), 2 m hoch, reichblühend, gelblichrosa. „Goldbusch" (1954), 2 m hoch, 1,5 m breit. Die einmalige Blüte sehr reich. Blumen edelrosengleich, hellgelb. „Mechthild von Neuerburg" (1920), ungefüllt, leuchtend rosa in dichten Büscheln, 2 m hoch.

758. Rosa spinosissima, *Bibernellrose*

Heimat: Europa, Westasien. Zweige stachelborstig, dünn, Blüte gelblichweiß, bis 6 cm breit. Früchte schwarzbraun, lange haftend.
Stammart für die wunderbaren spinosissima-Sorten: altaica simplex, gelblichweiß blühend, 1,50 m hoch, reich blühend und fruchtend. „Frühlingsanfang" (1950), 3 m hoch, einfach gelb mit einer unerhörten Fülle von Blumen ist der leicht überhängende große Busch ein prachtvoller Anblick in jedem Garten, in offenen Vorgartenzeilen, in größeren Strauchrosenanpflanzungen. „Frühlingsgold" (1937) mit riesigen (12 cm!) ungefüllten goldgelben, weithin stark duftenden, unzähligen Blüten. Wunderbares Einzelgehölz! „Frühlingsmorgen" (1942), 2 m hoch, mit sehr großen halbgefüllten, karminrosa Blüten. In Einzelstellung zu „Frühlingsgold" ergeben beide Sorten prachtvolle Farbbilder zur Blütezeit. „Frühlingsduft" (1949), 1,5 m hoch, mit sehr großen, dicht gefüllten Blüten, die sich aus einer schlanken edelrosengleichen Knospe öffnen, rosiggelb im Aussehen und im köstlichen, strengen Duft der Maréchal-Niel-Rose gleichend.

759.–760. Rosa blanda, *Labradorrose*

Heimat: Nordöstliches Amerika. Bis 2 m hoch, einfach, hellrosarot blühend, mit sehr feinen, zierlichen Hagebutten.

761. Rosa centifolia muscosa (1796), *Moosrose, Zentifolie*

Heimat: Europa, Kaukasus. Bis 2 m hoher Naturbastard. Blüte starkgefüllt, rosa, von weithin reichendem Duft. Rose der alten Bauern- und Hausgärten. Die daraus entstandene Rosa centifolia muscosa wird 1,5 m hoch. Es gibt viele Sorten von Dunkelrot bis Weiß, stark duftend. Allen ist die eigenartige Moosbildung an den Blütenknospen gemeinsam.
Sorten: „Blanche Double" (1856) vollgefüllt, reinweiß, stark bemoost, 80 cm hoch. „Impératrice Eugénie" leuchtend rosa, gut bemoost, reichblühend, 60 cm hoch. „Parkjuwel" (1950) 1,50 m hoch, zinnober durchscheinendes Blutrot, reichblühend, stark buschig wachsend.

762. Rosa bourbonica „Coupe d'Hebe", *Bourbonrose*

Rose altvergangener Tage, die aber auch heute noch fröhlich gedeiht, reich blüht, duftet und dem Kenner viel Freude bereitet. Höhe 1,50 m.

763. Rosa hybrida „General Jacqueminot" (1853), *Remontantrose*

Diese ebenfalls heute schon manchmal romantisch und „altmodisch" anmutende Rosenkaste der remontierenden, d. h. öfter, also bis zum Herbst nachblühenden Rosen, war vor hundert Jahren eine Sensation, da die übrigen Rosen zumeist nur im „Rosenmonat", dem Juni, blühten. Diese Sorten sind von kräftigem, strauchartigem Wuchs, haben derbes, gesundes Laub, behäbige, dicke Blüten und wollen auch im Schnitt etwas Freiheit behalten. Während wir die üblichen modernen Edelrosen (Teehybridrosen u. ä.) im Frühjahr recht kurz zurückschneiden (etwa $^2/_3$ werden entfernt), um recht langgestielte Blüten und kräftige Triebe zu erhalten, werden die Remontantrosen nur um $^1/_3$ eingekürzt.

764. Rosa hybrida „Mrs. John Laing" (1887), *Remontantrose*

Kräftig wachsend, schwach, aber sehr fein duftend, hart.

765. Rosa hybrida „Frau Karl Druschki" (1901), *Remontantrose*

Diese ursprünglich überreich blühende, schöne weiße Rose hat im Lauf der Jahrzehnte in ihrer Fülle infolge Degeneration etwas nachgelassen.

766. Rosa hybrida „Charles Bonnet", *Remontantrose*

Älteren Datums, sehr gut duftend, reichblühend, hart.

767.–786. Edelrosen

Es folgen nun die modernen Gartenrosen, die eigentlichen Edelrosen, deren Sortenzahl unermeßlich und unübersehbar geworden ist. Aus der Fülle der vorhandenen Sorten können beispielhaft nur einige herausgegriffen werden.

767. „Geheimrat Duisberg" (1933)
Sehr blühwillig, gesundes, blankes Laub, ausgezeichnete, edle Beet- und Schnittrose. Auch in der Rosentreiberei unübertroffen. Reingelb.

768. „New Yorker" (1948)
Dunkelrote, nicht verblauende, in der Sonne nicht verbrennende, langstielige Beet-, Schnitt- und Treibrose, duftend. Sehr brauchbare neuere Sorte.

769. „Betty Uprichard" (1922)
Ältere gute, freudig wachsende Beet- und Schnittrose. Bis in den späten Herbst hinein blühend.

770. „Dainty Bess" (1925)
Schöne, besonders fein duftende ältere Sorte, die sowohl einzeln als auch besonders in größerer Gruppe ausgezeichnet wirkt.

771. „Dame Edith Helen“ (1926)
Sehr wertvolle ältere Sorte. Die rein seideartig-rosa Blüten stehen auf langen Stielen. Gesundes Laub, schwerer, sehr feiner Duft.

772. „Michèle Meilland“ (1945)
Sehr wertvolle neuere Sorte. Reichblühend, schöne Beet- und Schnittrose von edler Knospenform, zart weißlichrosa. Angenehmer Duft.

773. „Eclipse“ (1935)
Sehr feine, langgestreckte Knospe, wetterfest, gut im Wuchs, dauerblühend, haltbar in der Vase. Fein duftend.

774.–775. „Gloria Dei“ (1945)
Goldgelb, am Rand rot, leicht violett überlaufen, äußere Blütenblätter rötlich. Blumen dicht gefüllt, duftend. Kräftig im Trieb. Laub glänzend-lederartig, gesund. Viel begehrte Gartenrose. Der wahre Liebhaber wird sie als etwas „laut“ empfinden, das soll aber dem Freund dieser prachtvoll-robusten Züchtung nicht die Freude verderben.

776. „Picture“ (1932)
Sehr schöne Gruppenrose mit leuchtend rosa, duftenden Blüten von guter Form.

777. „Spek's Yellow“ (1947)
Unveränderlich goldgelb von der Knospe bis zum Abfallen der Blütenblätter. Dauerblüher. Oft mehrere Blüten am gleichen Stiel. Eignet sich zu mehreren in große Pflanzungen von dunkelroten Polyantharosen, z. B. Käthe Duvigneau, eingesprengt, als gleichbleibender Farbträger. In Gruppen auch sehr wirksam mit der samtroten „Crimson Glory“ (Nr. 780), der edelsten Duftrose, oder mit „Sondermeldung“ (Nr. 779).

778. „Talisman“ (1929)
Ältere, frisch wachsende, reichblütige Sorte von schönem Farbspiel, wenn sie auf Rosa canina oder Rosa rubiginosa veredelt ist. Versagt völlig auf Rosa multiflora.

779. „Sondermeldung“ (1950)
Floribunda-Hybride von außergewöhnlicher mennig- oder geraniumroter, leuchtender Farbe, dicht gefüllt, überreich und unermüdlich bis zum Herbst blühend. Ohne Duft.

780. „Crimson Glory“ (1935)
Wohl eine der am weitesten verbreiteten Beet-, Schnitt- und Treibrosen. Samtig-dunkelrot, herrlich schwer duftende Blüte.

781. „Edith Nellie Perkins“ (1928)
Sehr reichblühende Sorte mit schwachem Duft. Gute Beetsorte.

782. „Elite“ (1936)
Gute Gruppensorte, sehr reichblühend.

783. „Mme. L. Dieudonné“ (1948)
Prachtvoll gefärbte Zweifarbrose, rotgold. Duft mäßig. Dicht und breitbuschig, gesund im Laub.

784. „Mme. Caroline Testout“ (1890)
Altbekannte Sorte, die auch heute noch ihren Gartenplatz verdient, besonders weil sie sogar leichten Schatten verträgt und nicht rauchempfindlich ist.

785. „Mrs. Pierre S. du Pont“ (1929)
Wer diese langgestielte, blitzblank belaubte ältere Sorte in ihrer großen Blühwilligkeit und der prachtvollen goldgelben Farbe einmal besaß, der wird sie als liebenswerte Gruppenrose mit strengem Duft nicht mehr missen wollen.

786. „Ophelia“ (1912)
Edle alte Sorte, der die besondere Eigenheit eines unvergleichlichen Duftes anhaftet.

787.–801. Polyantharosen
Die in immer größerem Umfang angepflanzten Polyantharosen stellen keine einheitliche Rosenrasse dar. Sie bestehen aus mehreren

Gruppen, den kleinblumigen, aber in großen Dolden blühenden (Polyantharosen), den in Dolden blühenden, aber edelrosenähnlichen in der einzelnen Blüte (Polyantha-Hybriden), den vollkommen edelrosengleichen, die aber trotzdem noch in Dolden blühen und dazu stärker wachsen (Floribunda-Hybriden). Als letzte Gruppe sind die sogenannten Zwerg-Polyantha-Hybriden zu nennen, die wir gerne im Steingarten als 20–25 cm hohe Zwergrosen verwenden.
Der Schnitt der Polyantharosen erfolgt so, daß schwach- oder kleinbleibende Sorten kräftig, die starkwüchsigen möglichst schonend geschnitten werden, etwa auf 4–8 Augen, je nach Sorte und Wüchsigkeit. Behandlung wie Nr. 746.

787. „Alain“ (1948)
Reichblühend, gefüllt. Große Blütendolden von leuchtend dunkelkarminroter Farbe, witterungsbeständig. Gute Schnittblume.

788. „Frensham“ (1946)
Halbgefüllt, sehr reichblühend in großen Dolden, tief dunkelrot. Ausgezeichnete Sorte für große Farbflächen.

789. „Ellen Poulsen“ (1912)
Diese alte Sorte erregte seinerzeit Aufsehen durch ihre Reichblütigkeit und leuchtende Farbe. Heute durch bessere Sorten überholt. In alten Gärten kann sie als „historisch echte“ Sorte hin und wieder berechtigt angepflanzt werden.

790. „Schleswig“ (1949)
Riesige, ungefüllte Blüten in gewaltigen Dolden. Wuchs stark aufrecht. Farbe Reinrosa.

791. „Fashion“ (1947)
Ausgesprochen „freche“ Lachsfarbe, die von der Knospe bis zum Abblühen fast unverändert anhält. Die Farbe muß trotz ihrer Schönheit mit Vorsicht angewendet werden, wenn es sich um eine gemischte Pflanzung handelt.

792. „Goldilocks“ (1948)
Wurde als eine der besten gelben Polyantharosen empfohlen. Leider trifft diese optimistische Voranmeldung nicht ganz zu! Die Knospe ist sehr schön goldgelb, auch die junge geöffnete Blüte. Später aber verblassen die Blüten, werden pergamentartig unansehnlich und bleiben vertrocknet am Strauch hängen, so daß man die alten Blumen ständig abschneiden muß. Bei großer Hitze verblaßt die Farbe schon am gleichen Tag. Das Laub ist wunderbar dunkelgrün, blank und frisch. Es wäre ein lohnendes Zuchtziel, einer „Verbesserten Goldilocks“ die glänzenden Eigenschaften zu erhalten und die Untugenden zu nehmen, daß sie die Farbe hält und daß sie sich vor allem selbst „reinigt“, d. h. die abgeblühten Blütenblätter abstößt.

793. „Gruß an Aachen“ (1909)
Trotz ihres ehrwürdigen Rosenalters eine noch heute glänzende Sorte, deren Reichblütigkeit, Größe und Füllung der einzelnen rosigweißen-goldgelben Blüten ihr immer wieder neue Freunde schenkt.

794. „Baron de Vivario“ (1925)
Gefüllt in großen Dolden, reinweiß. Dankbar und unermüdlich blühend. Ausgezeichnete weiße Gruppensorte.

795. „Holstein“ (1938)
Mit großen, ungefüllten dunkelroten (blutroten) Blüten in Massen eine hervorragende Polyantharose für Pflanzungen in großen Anlagen, aber auch im kleineren Garten sehr erfreulich und dankbar. Dauerblüher!

796. „Margo Koster“ (1935)
Ein niedriger Sport von „Greta Kluis“ in Lachsorange. Sehr gute Topfrose. Auch geeignet zur Beetpflanzung.

797. „Dick Koster“ (1935)
Lachsrosa-orange, reichblühend, 30 bis 40 cm hoch, großblumig. Diese Rose und „Margo Koster“ auch als „Pariserrose“ bekannt. Gute Topfrose.

798. „Orange Triumph“ (1937)
Orange-scharlach, blüht in wahren Doldenschirmen mit ihren vielen kleinen Blumen. Starkwachsend, gesund im Laub. Auch sehr gute Schnittsorte.

799. „Gelbe Holstein“ (1949)
Hoch, starkwachsend, in großen Rispen halbgefüllt blühend. Farbe: dunkelgelb die Knospen, heller gelb die offene Blüte. Das Laub ist sattgrün und gesund. Kann auch als frei wachsende Strauchrose gepflanzt werden. Bester Partner für dunkelrote Polyantharosen. Steht ausgezeichnet mit Pyracantha coccinea praecox (Nr. 721–722) zusammen.

800. „Poulsens Pink“ (1939)
Außerordentlich reichblühend und von gesundem Wuchs. Die Farbe ändert sich von der Knospe bis zur ausblühenden Blume, so daß in einer einzigen Gruppe dieser Sorte lichtrote, lachsfarbene und lichtrosa Blüten zugleich vorhanden sind.

801. „Josef Guy“ (1921)
Lebhaft scharlachrote, große Blütendolden, halbgefüllt, sehr reich blühend. Eine der am meisten gepflanzten Polyantharosen.

802.–808. Kletterrosen
Sie stammen von verschiedenen Rosenarten ab. Die beiden heimischen Arten, Rosa alpina (Heimat: Alpen) und die Ackerrose, Rosa arvensis (Heimat: Mitteleuropa, speziell Eifel), sind daran beteiligt. Ebenso Rosa multiflora, die vielblütige, auch die Stammutter der Polyantharosen (Heimat: China, Korea, Japan). Aus ihr ging die weltbekannte Sorte „Paul's Scarlet Climber“ hervor. Rosa wichuraiana, die Wichura-Rose (1891 aus Japan eingeführt), deren Sorten als charakteristisches Merkmal das gesunde, bis spät ins Jahr haltende dickere und blanke Laub besitzen, das infolge seiner Wachsschicht gegen Mehltau und andere Pilzkrankheiten der Rosen widerstandsfähig und unempfindlich macht. Typische, remontierend blühende Sorte „New Dawn“, die rosa-weiß gefüllt blühende „Patenrose“. In der ganz neuen Rosa-kordesii-Rasse ist durch Einkreuzung von Rosa rugosa große Frosthärte und das Dauerblühen ins Reich der Kletterrosen eingezogen, wie wir es bei den Sorten „Leverkusen“, „Hamburger Phönix“ und „Zweibrücken“ heute erleben können. Aus dieser Rasse sind noch viele große Fortschritte zu erwarten. Eine andere Gruppe stellen die kletternden Sports von Edelrosen dar, also Edelrosensorten, die plötzlich das Klettern aus spontaner Mutation angefangen haben und durch Veredlung in dieser Form vermehrt wurden.
Der Schnitt von Kletterrosen erfolgt scharf bei der Pflanzung, wobei kräftige Triebe auf 3–5 Augen heruntergeschnitten, schwächere Triebe völlig entfernt werden. Später begnügen wir uns mit dem Auslichten alter Triebe bis zu ihrer Entstehungsstelle, auf das Abschneiden schwächlicher Ruten, lassen aber die Pflanze in ihrem jungen Holz ungestört.

802. „American Pillar“ (1902; Stammform: Rosa wichuraiana)
Große, ungefüllte, rote Blüten, Mitte weiß. Die Blumen erscheinen in sehr großen Dolden. Starker Wuchs, gesundes Laub. Höhe 4–5 m.

803. „Dorothy Perkins“ (1902; Stammform: Rosa wichuraiana)

Altbekannte Sorte mit dicht gefüllten kirschrosa Blüten in riesigen Dolden. Wuchs sehr stark. Die schöne Farbe und der wochenlang anhaltende Flor haben zu einer weiten Verbreitung geführt. Höhe 4–5 m. Blüten duftend.

804. „Paul's Scarlet Climber" (1917; Stammform: Rosa multiflora)
Leuchtend scharlachrote Blütenmassen, einzelne Blüte groß, Füllung ziemlich gut, sehr lange haltbar. Diese weltbekannte Kletterrose hat sich einen ersten Platz an den Pergolen, Säulen, Rankgerüsten und Rosenhängen der Welt erobert. Höhe 3–4 m.
1933 wurde die „dauerblühende Paul's Scarlet Climber" als Sorte „Blaze" in den Handel gebracht. Sie blühte mehrfach während des Sommers, allerdings auf Kosten des Kletterns; 1954 wurde eine „New Blaze", Blaze superior gezüchtet, die nun mit feurigscharlachroten Blütenmassen dauerblühend geworden ist.

805. „Easlea's Golden Rambler" (1933; Stammform: Rosa multiflora)
Die rein zitronengelben, großen vollgefüllten Blüten erscheinen in reicher Menge. Sie sind duftend und halten recht lange. Starkwüchsig, Höhe 4–5 m.

806. „Excelsa" (1910; Stammform: Rosa wichuraiana)
Weltbekannte, kleinblumige, in dichten Dolden und reich blühende Sorte. Farbe Blutrot, Blumen sehr haltbar. Höhe 3–4 m.

807. „Gloire de Dijon" (1853; Stammform: Teerose)
Große, intensiv duftende, voll gefüllte gelblichrosa Blüten. Diese immer noch sehr beliebte uralte Sorte wächst stark, ist winterhart und blüht bis weit in den Sommer hinein. Höhe 3–4 m.

808. „New Dawn" (1939; Stammform: Rosa wichuraiana)
Eine der dankbarsten, sehr starkwüchsigen, auch im Laub immer erfreulich schönen Kletterrosen, die auch als frei wachsende Strauchrose, in Gruppen gepflanzt, sehr wirkungsvoll ist. Als Kübelpflanze in Stadtstraßen sehr bewährt. Blüte gut gefüllt, Knospe edelrosenartig, rosa, später weißlichrosa aufblühend. Schnittblume. Der Flor hält bis zum Herbst an. Höhe als Busch 2 m. Kletternd 3–4 m. Hat vor der sonst sehr ähnlichen „Dr. W. van Fleet" (1910; Stammform: Rosa wichuraiana) den Vorteil voraus, daß sie dauerblühend ist.

809. Salix alba vitellina pendula (Salix tristis), *Trauergoldweide (Weidengewächse)* ☼ ⊥ ⩍
Heimat der Art: Europa–Mittelasien. Allbekannter, gern zu häufig und an falschen Standorten gepflanzter Baum mit senkrecht herabfallenden, hellgelben Zweigen. Diese Weide kann 15–20 m hoch werden. Da sie bei richtigem Standort an feuchten Teich- oder Seeufern auf nährkräftigem Boden auch fast die gleiche Breite erreicht, dazu den Kronenraum fast vollständig mit den herunterhängenden Zweigen bis zum Boden bedeckt und entsprechend verdunkelt, muß man seinen Gartenraum und die Bodenverhältnisse, besonders die Bodenfeuchtigkeit sehr gründlich prüfen, bevor man einen solchen Baum pflanzt. Steht die Trauerweide auf nicht zusagendem, trockenem Boden, wird sie leicht sparrig, unerfreulich und anfällig gegen Krankheiten. Aber auch bei zusagenden Bodenverhältnissen im normalen Garten sei warnend auf das über die Pappeln unter Nr. 697–702 Gesagte hingewiesen. Die wassersuchenden Wurzeln aller Weidengewächse streichen weithin, um zum Wasser

zu gelangen. Sie dringen hemmungslos in Kanalleitungen und Drainagestränge ein und verstopfen sie völlig, ja sprengen schließlich die Röhren.
Geeignet vor allem für große Parkanlagen mit Wasser und entsprechender Uferbepflanzung. Hier können sie von gewaltiger Wirkung sein.

810. Salix daphnoides pomeranica mas, *Reifweide, Pommerweide*
☼ ✽ ⟂ ✂
Heimat der Art: Europa, Mittelasien. Trockenheitsweide der Dünen und trockenen Sandhänge, Bahndämme. Kalkliebend, Moorböden meidend. Eine Wachsschicht, die als blaugrauer Reif die Zweige überzieht, ist das typische Merkmal dieser Weide. Die Abart pomeranica mas wächst meist nur strauchartig, während die Art baumartig 10–20 m hoch werden kann. Die Abart bringt als männliche Pflanze große, 6–8 cm lange silberweiße Kätzchen.

811. Salix viminalis, *Korbweide*
☼–◑ ✽ ⟂
Heimat: Europa–Nordasien. 5 bis 10 m hohe nutzbare Weide zum Körbeflechten und als Gerbsäurelieferant. Windschutzpflanze.

812. Salix caprea mas, *Männliche Salweide, Echte Salweide*
☼–◑ ⊥ ✽ ✂
Eine unserer schönsten Kätzchenweiden! Höhe 3–5 m. Wertvolles Gehölz inmitten großer Windschutzstreifen, wobei sie allerdings zur Sicherheit inmitten dorniger Rosen und anderer Dornengebüsche angepflanzt werden muß, da sie wegen ihrer Kätzchen oft barbarisch geplündert und zugerichtet wird. In größeren Gärten angesiedelt, bringen sie im Verein mit Ebereschen (Nr. 818–819), Ilex (Nr. 644–645), Cornus mas (Nr. 579–581), Cornus alba sibirica (Nr. 582) zauberhafte Vorfrühlingsstimmungen von naturhafter Schönheit.

813. Sambucus nigra, *Schwarzer Holunder, Großfrüchtige Fliederbeere (Geißblattgewächse)*
☼–● ⩓ ⍝ ⟂
Heimat: Europa, Nordafrika, Westasien. Als der heilige Strauch der Frau Holle wurde er seit urältesten Zeiten als Gesundheitsbringer am Bauernhaus angesiedelt. Er liebt kalkhaltigen, nahrhaften Boden, verträgt Sonne und tiefen Schatten. Gehört zum festen Bestand von Windschutz- und Vogelschutzstreifen. Die großen grünlich-weißen Blütenteller von strengem, weithinstreichendem Duft und später die Unmengen von dunklen Früchten machen den Holunder zu einem gartenwerten Zier- und Fruchtstrauch. Der gesundheitliche Wert der Holunderblüten und der Früchte ist in der Hausmedizin seit je bekannt. Durch seine Rauchfestigkeit bewährt er sich als wichtiges Industriegehölz. Wie Eiche und Brennessel ist er ein ausgezeichneter „Bodenbereiter", was er auf den leeren Trümmergrundstücken der Nachkriegszeit tatkräftig im Verein mit Weidensämlingen, Weidenröschen und Huflattich bewiesen hat. Höhe bis 10 m.
Sambucus nigra macrocarpa, der besonders großfrüchtige Holunder, für den Beerenverbrauch geeignet, hat die gleichen Eigenschaften wie die Art. Ein sehr feines Ziergehölz für Einzelstellung im Garten oder am Haus ist Sambucus nigra laciniata, mit fein geschlitzten Blättern. Besonders fruchtreich und gleichmäßig reifend.

814. Sambucus racemosa, *Traubenholunder, Bergholunder* ⟂
Heimat: Europa, Westasien. Bewohner der Bergwälder und Gebirgswälder, wo er auf felsigen Hängen (lehmige bis sandige Böden) gemeinsam mit der wilden

Himbeere das Unterholz bildet. Schattenverträglich, aber auch in voller Sonne sehr gut gedeihend. Blüht 4/5 mit gelbgrünen Blütentrauben, denen die leuchtend roten Beerenbüschel im Sommer folgen. Die Früchte sind nicht genießbar, sie erzeugen bei manchen Menschen Brechreiz. Höhe 3–4 m.

815. Sambucus canadensis, maxima, *Kanadaholunder*
Bis 3 m hoch, mit riesigen bis zu 50 cm breiten Blütenschirmen. Die Abart Sambucus canadensis lutea hat bleibend goldgelbe Laubfarbe, die im Garten hier und dort angewendet werden kann, aber mit Vorsicht. Früchte der Art schwarz bereift.

816. Sorbaria arborea glabrata, *Ebereschenspiere, Fiederspiere (Rosengewächse)* ☼–◑ ❧ ⚘
Heimat: China. Bis 5 m hoher, schönlaubiger Strauch mit leicht überhängenden Zweigen. Von Juli bis September erscheinen die großen endständigen Blütenrispen von gelbweißer Farbe.

817. Sinarundinaria nitida (Bambusa nitida, Arundinaria nitida), *Cham-Bambus, Halbrohr (Gräsergewächse)* ☼ ⊥ △ ⚘
Heimat: Asien, Amerika. 3–5 m hohes, halbimmergrünes holziges Gras, das im Garten geradezu tropische Eindrücke hervorrufen kann. Liebt sonnig-warmen Platz, damit die Holzreife gut erfolgt. In Einzelstellung eine wahrhaft königliche Erscheinung (kann mehrere Meter breite Pflanzen ergeben!) noch wirksamer aber zur Krönung von Ufern oder an Wasserbecken, wobei aber die Wurzel weder im Wasser noch im Überschwemmungsgebiet stehen darf. Während des Winters nicht naß. Junge Pflanzen an festen Stäben anbinden, damit sie im Wind nicht beim Einwurzeln gestört werden. Leichte Laub-Torfmull-Decke im Winter günstig.

818.–819. Sorbus aucuparia, *Eberesche, Vogelbeerbaum (Rosengewächse)* ☼–◑ ⚲ ❧ ⚘ ✂
Heimat: Europa, Westasien. Wer im Spätsommer oder Herbst durch Deutschland fährt, dem wird es schmerzlich auffallen, daß die Vogelbeere, einer unserer schönsten wilden Fruchtbäume der freien Wildbahn, fast allerorten so weit ausgestorben ist, daß sie in großen Intervallen nur noch hier und dort zufällig erscheint. Welch ein Verlust, nicht nur für den Schauenden, sondern für den praktischen Natur- und Vogelschutz, ja auch für das Wild. Dieser bis 15 m hohe, biegsame Blüten- und Fruchtbaum mit seinem wunderschönen Fruchtbehang von leuchtend roten Beeren stellt an Klima und Böden keinerlei Ansprüche. Vom hohen Norden bis in die Alpenregion gedeiht er selbst noch auf Klippen und Ruinen. Im Garten besitzt er vielerlei Reize, die mit dem Laubaustrieb beginnen, sich bei der Blüte fortsetzen, um schließlich bei den Lasten roter Beeren und einer brennenden Herbstfarbe den Höhepunkt zu erreichen. Ja selbst im Winter steht er noch voller Leben, wenn Amseln und winterliche Seidenschwänze, Singdrosseln, Misteldrosseln, Gimpel und Rotkehlchen von seinen Beeren schmausen. Besonders malerisch als mehrstämmiges Einzelgehölz mit 10–20 Stämmen. Die lichte Krone läßt den darunter wachsenden Pflanzen noch ausreichende Lebensmöglichkeiten und verträgt die vielseitigsten Pflanzenkombinationen. Sorbus aucuparia moravica, die süßfrüchtige mährische Vogelbeere läßt sich im Garten und Park ähnlich anwenden wie die Art. Ihre vitaminreichen dickeren Beerenbüschel sind im Haushalt willkommen.

820. Sorbus suecica (intermedia), *Schwedische Mehlbeere, Oxelbeere*
Heimat: Nordeuropa, vorwiegend Schweden, Finnland. Bis zu 10 m hoher Baum mit reichem Fruchtansatz, oberseits grünem, unten silberfilzigem Laub. Verträgt mageren Stand und starken Wind. Krone breitästig, rundlich. Wird in sehr windigen Lagen als geschnittene, aber hohe Windschutzhecke angepflanzt (Dänemark). Sehr empfindlich gegen Bodenmüdigkeit. Kann nicht an Stellen gepflanzt werden, auf denen Apfel- oder Rosenpflanzen gestanden haben.

821. Spiraea arguta, *Silberspiere (Rosengewächse)* ☼–◑ ⍋ △ ❀ ⏊ ✂
Heimat der Spiersträucher-Arten: Asien, Europa, Nordamerika. Alle Spiersträucher sind ausgezeichnete Gruppengehölze, auch eignen sie sich für alle Arten von ungeschnittenen Blütenhecken. Schatten wird zwar gut vertragen, aber der Blütenreichtum hängt von der guten Besonnung ab. Die abgebildete Spiraea arguta ist ein Bastard von ca. 2 m Höhe, mit sehr feinen, fast drahtartigen, überhängenden Zweigen, die sich im April–Mai überreich mit winzigen Blütchen in großen Doldentrauben wie eine Silberkaskade präsentieren. Für trockene Böden besonders gut geeignet. Ein weitverbreiteter Frühlingsblüher.

822. Spiraea bumalda „Anthony Waterer“, *Rosenspiere*
Bis 1 m hoch, dichtbuschig wachsend. Von Juli–September bedeckt mit den flachen, karminroten Doldentrauben. Als lockere Blütenhecke, als Vorpflanzung im Halbschatten vor größeren Gehölzen in möglichst lockerer, großflächiger Weise im Garten oder in größeren Anlagen zu verwenden.

823. Spiraea vanhouttei, *Weißer Spierstrauch*
Dieser Bastard ist wohl einer der am meisten angepflanzten Blütensträucher neben der Forsythia. Um Ende Mai–Juni verschwindet fast das gesamte Grün unter der alles überflutenden Fülle schneeweißer, hängender Blütenrispen. Dieser bis 2 m hohe Strauch eignet sich für fast alle Gartenzwecke, besonders als Vordergrund vor höheren, auch dunklen Nadelgehölzen (Fichte, Taxus, Tanne u. ä.). Ergibt wunderbare Blütenhecken von lockerem, gefälligem Wuchs, die selbstverständlich ungeschnitten bleiben müssen!

824. Stephanandra incisa, *Kranzspiere (Rosengewächse)*
☼–● ⍋ △ ⏊
Heimat: Japan, Korea. Bis 1,50 m hoher, sich breit lagernder, überhängender Strauch von dichter, feiner Belaubung. Im Juni reichblühend mit lockeren weißen Blütenständen. Sehr schattenverträglich, daher reizender Füllstrauch zwischen locker gestellten höheren Sträuchern und Immergrünen. Beachtliche orange-braunrote Herbstfärbung von langer Dauer.
Stephanandra tanakae aus Japan, Blütenstände weiß, 6/7, braunrote Herbstfarbe. Höhe bis 2 m.

825. Symphoricarpus racemosus, *Schneebeere (Geißblattgewächse)* ☼–● ⍋ ⍝ ❀ ⏊ ✂
Heimat: Nordamerika. Füll- und Deckstrauch, Bienenweide, Schattengehölz. Ein Aschenputtel der Parks und großen Gärten. Niedliche rosige Blütentrauben, denen im Juli die weißen Schneebeeren folgen. Blüten und Früchte im Sommer gemeinsam am Strauch. Erst der Frost beendet den Früchtesegen. Durch Ausläufer in kleinen Gärten lästig. Sie kann aber in voller Sonne als Einzelstrauch hier und da ein liebenswür-

diger Zierstrauch sein, der seinen Platz ehrlich verdient.

826.–827. Symphoricarpus chenaultii, *Korallenbeere*

Kleiner, feinlaubiger, im Juni–Juli reichblühender Strauch von 1,50 m Höhe, dessen violettrote Beeren in solchen Massen erscheinen, daß die Zweige tief herunterhängen. Für geschützte Lagen. Der Fruchtansatz wird durch Bestäubung von Symphoricarpus orbiculatus (Rundblättrige Korallenbeere) besonders gefördert.

828. Syringa chinensis, *Chinesischer Flieder, Konigsflieder (Ölbaumgewächse)* ☼ ⊥ ⌂ ✿ ⌐ ✂

Heimat der Arten: Südosteuropa, Asien. Syringa chinensis (rhotomagensis) ist ein Zufallssämling, der 1777 in Frankreich entstand, also nichts mit China zu tun hat. Höhe bis 4 m, von graziös überhängendem Wuchs, wenig anspruchsvoll an den Boden, der sogar mager sein kann. Selbst ein windausgesetzter Platz ist noch möglich. Schön in Einzelstellung oder in der Gehölzpflanzung. Blütezeit 5/Anfang 6. Blüte violett. Ältere Sträucher von Blüten fast zugedeckt. Die Varietät Syringa chinensis saugeana blüht dunkelviolettrot.

829. Syringa reflexa, *Bogenflieder* ☼ ⊥ ✿ ⌐

Heimat: China. 3 m hoch. Blüht nach der allgemeinen Fliederblüte im Juni. Die Knospen der 20 cm langen Blütenrispen sind karminrot, die offene Blüte dunkelrosa. Als wirkungsvolles Solitärgehölz, dessen Zweige, wie der Name sagt, bogenartig überhängen, besonders zu empfehlen. Industriefester Strauch. Boden: feucht, anmoorig, kalkarm.

830. Syringa tomentella, *Brautflieder*

Heimat: China. Die am reichsten blühende von allen asiatischen Arten. Zur Blütezeit im Juni ist vor Blüten kaum das Laub zu sehen. Höhe 2–3 m. Wer die Fliederzeit um einen Monat verlängern will, der pflanze Syringa amurensis japonica. Höhe 8 m, baumartig wachsend, 30 cm lange, gelblichweiße Blütenrispen. Blütezeit 6/7.

831.–833. Syringa vulgaris, *Edelflieder* ☼–◑ ⌂ ✿ ⌐ ✂

Heimat: Südosteuropa. Eingeführt vor Jahrhunderten, wurde dieses anspruchslose Gehölz bis heute als Heckenstrauch, geschnitten oder ungeschnitten, verwendet oder als Strauchgruppe bzw. in Gehölzpflanzungen gestellt. In den Gärten pflanzen wir heute hauptsächlich die veredelten, großblütigen Sorten an.

831. Syringa vulgaris „Andenken an Ludwig Späth"

Ungefüllt, purpurrot mit straffen, kantigen Rispen, eine der beliebtesten und meistgepflanzten Sorten. „Mrs. Edw. Harding", karminpurpur, gefüllt, „Massena", dunkelrot-lila, gefüllt. „Perle von Stuttgart" rosalila, gefüllt.

832. Syringa vulgaris „Mme. Lemoine"

Gefüllt, mit mächtigen, reinweißen Blütenrispen. „Marie Legraye", ein ungefülltes Gegenstück zur vorigen.

833. Syringa vulgaris „Michel Buchner"

Gefüllt, hell-lila, kräftig wachsende altbekannte Sorte. „Ruhm von Horstenstein", ungefüllt, rötlichlila mit großen Einzelblüten und mächtigen Rispen. „Katharine Havemeyer", gefüllt, hellviolett, frühblühend. „Maximowicz", gefüllt, graublau, frühblühend mit schmalen Blütenrispen (blüht bald nach der Pflanzung).

Alle Edelflieder, die wir als Büsche, nicht als Halbstämme unter den heutigen Gartenbedingungen anpflanzen sollten, benötigen einige

Wachstumsjahre, ehe sie lebhaft zu wachsen und auch zu blühen beginnen. Es muß stets darauf geachtet werden, daß die oft stark durchbrechenden Wurzelausläufer freigelegt und an ihrer Entstehungsstelle mit glattem Schnitt entfernt werden. Nach der Blüte sollen alle Blüten- und Samenstände entfernt werden, um der Pflanze die Kraft für die nächstjährigen Blütenknospen zu sparen, außerdem sehen die Sträucher gepflegter aus.

834.–835. Tamarix pentandra, *Tamariske, Uferheide (Tamariskengewächse)* ☼ ⊥

Heimat: Südwesteuropa, Asien. Dieser bis 5 m hohe zierlich-elegante Blütenstrauch verlangt geschützte, warme Lagen. Im Spätsommer erscheinen leuchtend rosafarbene Blütenrispen. Schwierig in Gesellschaft mit anderen Gehölzen unterzubringen, daher am besten für Einzelstellung geeignet. Mit Parkrosen und vor Kieferngebüsch als Hintergrund läßt sich die Tamariske bei geschickter Anpflanzung verwenden. Alle Tamarix haben sehr empfindliche Wurzeln, daher müssen sie besonders achtsam gepflanzt werden.

Tamarix odessana aus Südrußlands Steppen, bis 2 m hoher, feinlaubiger Strauch, weniger empfindlich als die vorige Art. Blütezeit 7/8 in langen, waagerecht abstehenden rosa Blütenrispen. Tamarix parviflora bis 4 m hoch, winterhart, Frühlingsblüher im Mai mit feinen rosa Blütenähren. Ausgezeichnete Dünenpflanze, die Salz im Boden verträgt wie der Sanddorn.

836. Tilia, *Linde (Lindengewächse)* ☼ 🐝

Heimat: Europa. Bekannter Allee- und Parkbaum, der als Straßenbaum unserer heißen, lufttrockenen Großstadtstraßen immer mehr bereits ab Juli versagt, im Laub gelbbraun und schließlich erbärmlich kahl wird. Die ungünstigen Klimabedingungen fördern den Befall mit der Roten Spinnmilbe derartig, daß man außer der ungarischen Silberlinde (Tilia tomentosa, Honig giftig für Bienen!), Tilia longivirens, Tilia intermedia, keine Linden als Straßenbaum der Städte anpflanzen sollte. Sie verlangen alle einen nahrhaften, gut feuchten Boden bei hoher Luftfeuchtigkeit.

Tilia platyphyllos, die großblättrige Sommerlinde (siehe Abbildung) ist die anspruchsvollste Linde an Boden und Feuchtigkeit. Höhe bis 40 m. Die beste Honiglinde ist Tilia cordata, die kleinblättrige Winterlinde. Höhe 30 m. Besonders für Windschutzanlagen und Vogelschutzstreifen anzuraten!

837.–838. Ulmus, *Rüster, Ulme (Ulmengewächse)* ☼–◑ 🐝

Heimat: Europa, Westasien. Hoher, elegant wachsender, an den Boden wenig Ansprüche stellender Baum, der leider durch das katastrophale, seit Jahrzehnten um sich greifende „Holländische Ulmensterben" in seiner Verbreitung stark beeinträchtigt worden ist und daher bei uns nur noch wenig empfohlen werden kann, so jammervoll es um diese prächtige Baumgestalt mit dem begehrten Möbelholz auch sein mag.

Ulmus campestris (Feldrüster) 30 bis 40 m hoch, Ausläufer treibend, glänzend zur Erosionsbefestigung auf trockenen Hängen und Lößböden geeignet. Ulmus glabra (Bergulme siehe Abbildung), bis 40 m hoch, wie die vorige anzuwenden. Ulmus carpinifolia (Weißbuchenblättrige Rüster), widerstandsfähig gegen das Ulmensterben. Gutes Windschutzgehölz und für Windschutzhecken, bis 25 m hoch.

839.–844. Viburnum, *Schneeball (Geißblattgewächse)* ☼–◑

Die laubabwerfenden und immergrünen bzw. halbimmergrünen Schneeballarten sind in unseren Gärten bislang noch nicht in dem Maße angepflanzt worden, wie es diese wackeren Gartengehölze und Landschaftscharaktere eigentlich verdienen. Bekannt ist zumeist nur der übliche und seit Urgroßvätertagen beliebte gefüllte Schneeball (Viburnum opulus sterile) mit seinem prangenden Blütensegen von faustgroßen „Schneebällen“. Während die laubabwerfenden Arten großen Schatten vertragen und Viburnum lantana selbst dürftigste Böden mit größter Trockenheit, wollen die meisten eine gute Bodenfeuchtigkeit und nahrhaftes Land, um richtig zu gedeihen.

839. Viburnum carlesii, *Duft-Schneeball*

Heimat: Korea. Wintergrüner, 1,50 m hoher, feiner Zierstrauch von langsamem Wuchs. Im April–Mai erscheinen die rosa-weißen, sehr wohlriechenden Blütendolden. Der Standort soll schattig sein, dazu sehr guter, tiefgründiger, humoser Boden mit ausreichender Feuchtigkeit. Wurzelausläufer sind sofort an ihrer Entstehungsstelle zu entfernen da Wildtriebe.

Immergrün mit glänzend grünem Laub ist Viburnum burkwoodii. Blütezeit 4/5. Duftend.

840. Viburnum fragans, *Vorfrühlingsschneeball*

Heimat: Nordchina. Höhe 3 m. Laubabwerfend. Die sehr stark duftenden Blüten erscheinen in Rispen oft schon im Spätherbst bis in den Nachwinter. Sehr feines, seltenes Gewächs für den Liebhaber origineller Gehölze!

841.–842. Viburnum lanata, *Wolliger Schneeball*

Heimat: Europa, Westasien. Diese bis 5 m hoch werdende Art liebt sehr kalkhaltigen Boden an Felshängen. Paßt gut zu Cornus mas (Nr. 579–581) und Acer campestre (Nr. 535). Blütezeit im Juni mit grauweißen Blütendolden, denen im Herbst die zuerst roten, dann schwarzen Beerendolden folgen. Laubabwerfend. Verträgt extreme Trockenheit.

843. Viburnum opulus, *Gemeiner Schneeball*

Heimat: Europa–Nordasien. Bekanntes Wald-, Waldrand-, Ufergehölz an feuchten Auenwiesen u. ä. natürlichen Standorten. Blüte 5/6 mit weißlichen Blütendolden. Im Herbst aber erreicht dieser bis 4 m hoch werdende Strauch in seiner oft glühend weinroten Laubfärbung und im Schmuck seiner glasig durchscheinenden Beeren seine allerschönste Wirkung, sowohl im Garten als auch in der freien Natur. Die später noch hängenden Beerendolden mit ihren nach ranziger Butter riechenden Beeren dienen den Vögeln als Winternahrung. Viel begehrt als Blütengehölz ist die abgebildete, gefüllt blühende Abart Viburnum opulus sterile. Leider wird sie zumeist so heftig von Blattläusen heimgesucht, daß die Pflanze kümmert, zumindest aber die Blütenreinheit und Größe der „Schneebälle“ beeinträchtigt wird. Dem Liebhaber sei daher als nobler Ersatz Viburnum tomentosum sterile grandiflorum, 3 m hoch, mit edlem, im Herbst wunderbar gefärbtem Laub und dicken Blütenbällen empfohlen.

844. Viburnum rhytidophyllum, *Immergrüner chinesischer Schneeball*

Prachtvoll sich aufbauender immergrüner Strauch mit leuchtend dunkelgrünen, unterseits braunfilzigen Blättern, 20 cm breiten Doldenrispen, denen später die erst leuchtend roten, dann lackschwarz werdenden Beeren in schweren Bündeln folgen. Als Einzelstrauch zu freundlichen Baulichkeiten, frei im Rasen als prächtiges, auch im Winter lebendiges Solitärgehölz, aber auch im Gehölzhintergrund, wundervolle Wirkungen! Je besser der Boden und von guter Feuchtigkeit, desto rascher und vollwertiger wird die Entwicklung sein.

845. Viscum album, *Mistel (Mistelgewächse)*

Es ist nicht verwunderlich, daß dieser immergrüne, halbschmarotzend auf vielen Laub- und auch Nadelholzarten lebende kugelrunde Strauch die Phantasie der ältesten Menschheit bereits stark beschäftigte. Mythen und Legenden wurden mit der Mistel verwoben. Den keltischen Druiden war die Eichenmistel heilig. In der germanischen Sage tötete der blinde Hödur den Lichtgott Baldr durch einen Mistelpfeil, den ihm der listige Loki gab. In den angelsächsischen Ländern ist sie die Festpflanze zu Weihnachten. „Hexenbesen", „Donnerbesen", „Kreuzholz", „Trudenfuß" und ähnliche Namen, die bis heute gültig geblieben sind, zeigen, welche besondere Rolle diese Pflanze je gespielt hat. Heute werden aus der Mistel (ähnlich aus Crataegus-Weißdorn) wirksame Herz- und Kreislaufmittel hergestellt.
Im Garten auf den Apfelbäumen kann sie zu einem großen Schädling für einen ganzen Baum werden, gleichzeitig wird sie durch ihre von Vögeln auf andere Apfelbaumzweige verschleppten und dort keimenden Samen (zäher Leim hält sie auf der Rinde fest) gefährlich. Daher besteht die Bestimmung, bis zum 1. 3. alle Misteln im Garten auf Obstbäumen und Laubbäumen wirksam zu entfernen, d. h., sie müssen je nach Größe mit so viel Astwerk herausgeschnitten werden, daß auch gleichzeitig alle unter der Baumrinde sitzenden „Rindenstränge" mit entfernt werden, da sie sonst von sich aus wieder neu austreiben. Die Mistel ist zweihäusig und kommt in ganz bestimmten Arten auf bestimmten Wirtsbäumen vor. Nadelholzmisteln werden den Laubbäumen nicht gefährlich, weil sie nicht auf diese übersiedeln.

846.–848. Vinca, *Immergrün, Sinngrün (Hundsgiftgewächse)*
☼–● △ ⅃ ▬

Als bodenbedeckende Waldpflanze auch zur dauerhaften Begrünung des Gartenbodens unter Gehölzen, zur Gräberbepflanzung, als Kantenbegrenzung u. ä. angewendet. Je humusreicher und gut feucht der Boden, desto üppiger der grüne Teppich und auch die reichlich erscheinenden blauen, z. T. auch weißen Blüten.

846. Vinca major, *Großes Immergrün*

Heimat: Südeuropa, Kleinasien. Wird bis 30 cm hoch, hat großes, glänzend dunkelgrünes Laub und eine große strahlend blaue Blüte. Torfmulldecke oder Reisig als Winterschutz!

847. Vinca minor, *Kleinblättriges Immergrün*

Heimat: Europas Wälder bis Westasien. Diese Art hat wohl die meiste Verbreitung als rasenartige Bodendeckpflanze im Halbschatten–Schatten. Blütezeit: Ende 4/10. Höhe 15 cm. Durch einen kräftigen Rückschnitt können alle Vinca ähnlich der Besenheide (Calluna) ausgezeichnet verjüngt werden, wenn sie zu wüst oder unansehnlich (nach schneelosen Kahlfrostwintern) geworden sind. Vinca minor „Bowles Variety" besonders wertvoll durch reinblaue Blüte!

848. Vinca major foliis variegatis, *Buntblättriges Immergrün.*

Für den Liebhaber buntlaubiger Gewächse (gelbgrün gescheckt). Verlangt etwas lichteren Stand, wirkt in naturhaften Anlagen unterernährt (Chlorose-Eisenmangel, Stickstoffmangel) wie viele gelblaubige oder gelbbunte Pflanzen!

849.–852. Weigelia, *Weigelie (Geißblattgewächse)* ☼–◑ 🌲 🐝 ⛲ ✂
Heimat der gartenwichtigen Arten: Ostasien. Es werden nur die seit langer Zeit auf Blütenreichtum durchgezüchteten Sorten (Weigelia hybrida praecox rosea) angewendet. Für sie gilt das unter Deutzia (Nr. 607) Gesagte, wenn auch etwas abgeschwächt. Sie sind in der freien Landschaft nicht, im natürlich bepflanzten Garten vorsichtig, im Nur-Ziergarten als ergiebiger Mai- (praecox-Sorten), Juni-, Juli-Blüher anzuwenden. Blüte weiß, rosa bis dunkelrot. Die dunkelrote, niedrige Sorte „Eva Rathke" blüht im Herbst nach. Anspruchslose Gartengehölze, die aber auf fruchtbarem, gut feuchtem Gartenboden von neutraler Reaktion (basisch-sauer) am üppigsten gedeihen.

849. Weigelia „Abel Carriere"
Höhe 2–2,50 m, Blüte 6/7.

850. Weigelia candida
Reinweiß, Höhe bis 2,50 m. Laub- oder Torfdecke als leichter Winterschutz ratsam.

851. Weigelia „Fleur de Mai"

852. Weigelia „Styriaca"
Höhe bis 2,50 m. Diese nach ihrer Züchtungsheimat, der Steiermark, benannte Sorte ist eine der leuchtendsten Weigelien. Ähnlich wertvoll ist die Sorte „Newport Red" mit tiefroten, unzähligen Blüten. 1,50–2 m hoch ist die karmindunkelrote, dauerblühende „Eva Rathke".

853.–885. Schling- und Kletterpflanzen

(Kletterrosen siehe Nr. 802–808)

Schling- und Kletterpflanzen werden leider in unseren Gärten bzw. an Häusern, Mauern, Stützmauern und als Bodendecke viel zuwenig oder in den wenigen bekannten Arten phantasielos angewendet! Der Reichtum an originellen Gewächsen, seien es Blatt-, Blüten- oder besonders auch Fruchtpflanzen, ist bisher kaum bis zu einem Bruchteil vom Gartenbesitzer ausgeschöpft worden. Es muß nicht immer nur ein „Wilder Wein" oder eine Wisteria, die blaue Glycine, sein. Auch der Efeu, dessen großartiger Gartenwert zur Winterszeit gar nicht hoch genug veranschlagt werden kann, soll wieder mehr zu Ehren kommen. Als „Friedhofspflanze" haben leider viele schöne Gewächse einen falschen Ruf bekommen. Es gab diese Pflanzen aber schon, bevor der erste Friedhof existierte! Auch als „Schmarotzerpflanze" ist der Efeu abergläubisch verschrien. Er hat jedoch nur harmlose Haftwurzeln, mit deren Hilfe er sich bei seinen Klettereien sozusagen anseilt. Alle Schling- und Kletterpflanzen lokkern wundervoll das Bild unserer Gärten auf.

853. Actinidia kolomikta, *Strahlengriffel (Dilleniengewächse)* ☼–◑ 🌰 ⛲
Heimat: Ostasien, Mandschurei. Zweihäusig! Blüten- und Fruchtlinie, weißblühend, stark duftend im Juni. Früchte blauschwarz, rund, eßbar und sehr vitaminreich, feigenähnlich im Geschmack. Für Mauern, Pfeiler, Pergolen. Liebt humusreichen, guten Boden. Höhe 4–5 m.

854. Aristolochia durior (sipho), *Pfeifenwinde, Osterluzei (Osterluzeigewächse)* ☼–◑ ♧ ⛲
Heimat: Nordamerika. Höhe bis 10 m. Das sehr große, 25 cm breite Blatt ist herzförmig, mittelgrün, dicht deckend und damit sehr dekorativ für große Mauerflächen, besonders in absonniger Lage. Einer der schattenverträglichsten Schlinger an Wandspalieren zur Begrünung großer, leerer Mauerflächen. In sonniger Lage muß der

Boden sehr humusreich, nährkräftig und feucht sein. Blüte unbedeutend, grünlich, pfeifenförmig. An Nord- und Schattenseiten empfiehlt sich bei schweren Böden die Beimengung von ausreichend Torfmull und etwas Sand.

855. Celastrus orbiculata, *Baumwürger (Baumwürgergewächse)* ☼–●

Heimat: China–Japan. Aus Nordamerika. In den originellen Fruchtständen (Fruchtmantel = Arillus; leuchtende Samen = Frucht), zweifarbigen Gebilden, zeigen diese „mörderischen" Lianen ihre nahe Verwandtschaft zu unserem heimischen Pfaffenhut (Evonymus europaeus), der manchmal seine schlingende Fähigkeit offenbart, wenn er im Schatten größerer Gehölze, z. B. Crataegus, zum Licht strebt. Ähnlich auch der immergrüne Evonymus radicans an Baumstämmen und Mauern. Der Baumwürger erreicht als laubabwerfende Liane Höhen bis zu 12 m. Er ist zweihäusig, was für den Gärtner wegen des Fruchtansatzes sehr wichtig zu wissen ist. Daher stets mehrere Exemplare anpflanzen, denn der Wert dieser Pflanze liegt in den leuchtend gelben Fruchthüllen, aus denen später die orangeroten Samen hervorleuchten! Pergolen, Mauern, vorhandene Bäume in sonniger Lage sind geeignete Rankobjekte für diese sehr schöne Schlingpflanze. Bodenansprüche sind gering.

856. Campsis (Tecoma), *Trompetenblume (Bignoniengewächse)* ☼

Heimat: Japan, China (Campsis grandiflora). Aus Nordamerika Campsis radicans. Sehr dekorativ scharlachrot bis orange in locker gebauten Blütenrispen mit trompetenartigen Blüten von Juli bis September. Sie verlangen alle einen sehr guten, tiefgründigen, kräftigen Gartenboden in warmer, geschützter Lage, dazu benötigen sie Winterschutz durch Abdecken des Bodens und zur Vorsicht auch etwas Fichtenreisig um die unteren Stammteile. Die schönste Sorte ist die Hybride Campsis tagliabuana „Madame Galen" mit 8 cm langen, scharlachroten, bis 5 cm weit geöffneten Blüten. Die Kletterkraft dieser Sorte ist nur gering, während die robustere und härtere Campsis radicans bis 8 m Höhe erreichen kann bei entsprechender Breitenausdehnung.

857.–866. Clematis, *Waldrebe (Hahnenfußgewächse)* ☼–◑

Heimat der vielen Arten von Europa bis Nordafrika und Japan. Wichtig zu ihrem Verständnis ist ihr Vorkommen in der Natur auf kalkhaltigen, gut durchlüfteten Böden ohne stauende Nässe, bei durch Pflanzenwuchs bedeckter Wurzelfläche, also mit dem Fuß im kühlen Schatten stehend. Die wilden Arten bzw. Abarten blühen zwar nicht mit den hochgeschätzten Riesenblumen der Züchtungen, bringen dafür aber Unmengen von Blüten hervor. Zumeist bilden sich aus diesen im Herbst fedrige Fruchtschöpfe von eigenem Reiz, die vor allem bei Schneefall strahlend in Erscheinung treten. Beste Pflanzseite für Clematis: West- bis Nordwestseite. Boden um die Pflanze mit abschirmender Pflanzung versehen!

857. Clematis montana rubens, *Bergwaldrebe*

Heimat: Himalaja. Blütezeit: 5, Anfang 6, dann bis zum Herbst nachblühend. Diese bis 8 m hochrankende Liane sollte wegen ihrer vielen ausgezeichneten Eigenschaften viel häufiger angepflanzt werden. Zierlich-elegant im Wuchs und Laub, reizvoll zur Berankung eines lichten Balkons vor heller Hauswand, vor der sich das im Austrieb purpurfarbene Laub wirksam aufbaut. Man binde die lang überhängenden Triebe nicht auf, sondern lasse ihnen den natürlichen Schwung; außerdem blühen diese Triebe am reichlichsten. Muß einmal geschnitten werden, dann direkt nach der Blüte.

858. Clematis hybrida „Comtesse du Bouchard“ (Gruppe der Clematis-jackmanii-Hybriden)
Großblumig, besonders für Rankgerüste und Rankbögen. Höhe 3–4 m. Schnitt zur Erzielung einer reichlichen Blüte im Frühjahr, wobei der Vorjahrstrieb auf ca. 60 cm Länge eingekürzt wird. Stauende Nässe bei allen Hybriden bedeutet baldiges Ende! Die Pflanzung der in Topfballen ankommenden empfindlichen, leider meist nur einjährigen Jungpflanzen muß sehr vorsichtig und ausreichend tief erfolgen.

859. Clematis hybrida „jackmanii“
Eine der am meisten bekannten und gepflanzten Sorten, starkwüchsig. Ungeheuer reichblühend im Juli, 4 Wochen anhaltende Blüte (Weiteres s. Text zu Nr. 858).

860. Clematis hybrida „Lazurstern“ (Gruppe der Clematis-patens-Hybriden)
Frühblühend mit großen Blüten, die bereits im Mai–Juni erscheinen. Daher Schnitt direkt nach der Blüte, um viel Jungholz für die nächstjährige Blüte zu erzielen.

861. Clematis hybrida „Nelly Moser“ (Gruppe der Clematis-lanuginosa-Hybriden)
Diese zartfarbige, rosaweiße, intensiv rot gestreifte Sorte eignet sich besonders dazu, dunkles Klinkermauerwerk zu verschönen, während bei den blauen und violettblauen Sorten oft störende Mißtöne an solchen Stellen auftreten können. Dasselbe gilt für die blauen Wisteria-Blüten, deren Farbwirkung man sich vor der Pflanzung gut überlegen muß (s. Text zu Nr. 882).

862. Clematis hybrida „The President“ (Gruppe der Clematis-jackmanii-Hybriden)
Reiche Blüte von großen, bis zum Oktober remontierenden Blumen. Eine der gesündesten und frohwüchsigsten Sorten.

863.–864. Clematis tangutica, *Mongolenrebe, Goldclematis*
Heimat: Mongolei, Nordwestchina. Diese 3 m hoch kletternde wilde Liane ist von großer Härte und durch ihre goldgelben, zierlich nickenden Blüten von ganz besonderem Gartenwert. Blütezeit: 6, Nachblüte im Herbst.

865. Clematis vitalba, *Heimische Waldrebe*
Heimat: Europa, Kaukasus, Nordafrika. Die gewaltige Wuchskraft dieser bis über 10 m hoch und noch breiter wachsenden Liane können wir uns im größeren Garten, wo es gilt, häßliche Mauern oder Ausblicke zu verdecken, zunutze machen. Außer dem berühmten Knöterich (Nr. 880) gibt es kaum ein anderes Rankgewächs, das derartige Wuchsleistungen vollbringt. Ganze Bäume können von einer Pflanze völlig übergrünt und überblüht werden.

866. Clematis viticella kermesina, *Rote italienische Waldrebe*
Abart der Clematis viticella. Heimat: Südeuropa, Westasien. Die Art blau blühend, die Abart violettrot, kleinblumig, aber von Juli bis Herbst von Blüten überreich zugedeckt. Höhe 4 m, sehr hart und anspruchslos.

867. Hedera helix, *Gemeiner kleinblättriger Efeu (Efeugewächse)*
◐–●
Heimat: Europa, Kaukasus. Efeuberankte Waldbäume sind leider zu einem sehr seltenen Anblick geworden, daher sollten wenigstens die

Parks der Städte den Efeu auf diese wohltuende Weise wieder mehr zu Wort kommen lassen, wenn er den Forstleuten für ihre Wälder auch schädlich erscheint. Unser anspruchsloser Efeu ist glänzend dazu geeignet, ganze Waldschattenpartien mit einem immergrünen Rasen zu überziehen. Diese Fähigkeit kann auch in den Gärten an zeitweilig kahlen Stellen ausgenützt werden.

868. Hedera helix arborescens, *Strauch-Efeu*
Nicht kletternder, bis 2 m hoch wachsender, breiter Strauch. Es ist eine durch Stecklinge vermehrte Altersform mit nicht gelapptem Blatt. Sehr reich blühend. Im Halbschatten auf sehr gutem Boden und in warmer Lage ein dankbarer immergrüner Strauch.

869. Hedera helix hibernica, *Irländischer großblättriger Efeu*
Wegen seiner dicht deckenden großen Blätter schön vor Mauern. Starkwüchsiger als die Art. Liebt mildes Klima.

870. Hedera colchica arborescens
Durch Stecklinge vermehrte Altersform (s. Text zu Nr. 868).

871. Hydrangea petiolaris, *Kletterhortensie (Steinbrechgewächse)*
☼–◑
Heimat: Japan, China. Diese gewaltige Liane bewältigt selbstklimmend mit Haftwurzeln große Mauerflächen, wirkt im Laub sehr dekorativ, blüht als großes Exemplar überraschend reich von Juni bis Juli. Kann auch zur Begrünung von Felsmauern, alten Bäumen oder Baumstämmen verwendet werden. Liebt leicht sauren, humosen Gartenboden von ausreichender Feuchtigkeit im Halbschatten, kann aber auch in sonniger Lage zur Bodenbedeckung angepflanzt werden. Man braucht für die ersten 2–3 Jahre Geduld, bis die Pflanze Fuß gefaßt hat und dann erst stark zu treiben beginnt. Höhe in der Heimat bis 25 m.

872. Jasminum nudiflorum, *Echter Jasmin (Ölbaumgewächse)*
☼–◑ △ ⺁ ✂
Heimat: China. Auch als „Winterjasmin" treffend bezeichnet, da seine goldgelben fast primelartigen Blüten bereits in milden Lagen ab 11/12 aufzubrechen beginnen und während des ganzen Winters fortblühen. Die kantigen grünen Zweige mit den vielen Blüten sind besonders im Schnee sehr wirkungsvoll. Ausgezeichnet als Vasenschmuck. Da der Strauch nicht selbst klettert, müssen wir ihm dabei an Pergolen oder am Wandspalier behilflich sein. Geschützte Südwest- bis Westwände sind am günstigsten. Der Strauch kann bei gutem Stand. erstaunlich große Wände bedecken. Gelegentliches Verjüngen des alten Holzes bringt blühfreudigere Jungtriebe.

873. Lonicera heckrottii, *Geißblatt, Jelängerjelieber (Geißblattgewächse)* ◑ ⍙ ⺁
Diese Hybride zeichnet sich durch purpurrote Knospenbüschel aus, die beim Aufblühen violettrot von außen, innen gelb-weißlich sind. Blütezeit von Juni bis zum Herbst, unermüdlich. Starkwüchsiger, bis 4 m hoher schlingender Strauch für Pergolen oder inmitten der Gehölzpflanzung, wo er sich einem benachbarten Strauch oder Baum als Kletterhilfe anlehnt. Wichtig dazu der strenge, schöne Duft und die roten Beeren.

874. Lonicera caprifolium, *Geißblatt, Jelängerjelieber*
Heimat: Europa, Westasien. Bekannter schlingender Waldstrauch, dessen starker Duft aus gelblichweißen Blüten im Mai-Juni schwer an Waldrändern und Gehölzstreifen hängt. Runde leuchtendrote Früchte. Die Abart Lonicera caprifolium major, 4–7 m hoch

windend, ist im Garten vielfältig anzuwenden.

875.–876. Lonicera henryi, *Geißblatt*
Heimat: Westchina. Bis 4 m hoch windender Strauch. Blütezeit 6/7. Wintergrünes Laub von länglichlanzettlicher Form. In milden Wintern immergrün. Daher besonders für Pergolen geeignet, denen damit auch in der kahlen Jahreszeit das Grün erhalten bleibt. Der Blüte im Juli folgen zum Herbst die schwarzen, bereiften Früchte.

877. Lonicera tellmanniana, *Geißblatt*
Diese sehr stark wachsende, dunkel austreibende, später sattgrüne Hybride kann 5–6 m hoch werden. Sehr auffallend sind die großen orangegelben Röhrenblüten 5/6.

878. Parthenocissus tricuspidata veitchii, *Selbstklimmer, Wilder Wein (Rebengewächse)* ☼–◑ ⚘
Heimat: Japan, China. Dieser, wegen seiner efeuähnlichen Belaubung auch „Efeuwein“ genannte Klimmer ist allerweltbekannt. Vom Austrieb bis zu seiner im Herbst verglühenden Laubfarbe ist er an der richtigen Stelle eine stets dankbare und ihren Zweck üppig erfüllende Pflanze.
Großlaubiger, rotbraun belaubt die Sorte „Gloire de Boskoop“.

879. Parthenocissus quinquefolia, *Wilder Wein*
Heimat: Nordamerika. Höhe 10 bis 15 m, die ohne Rankgerüst bewältigt werden kann. Die dunklen Früchte sind eine beliebte Nahrung von Amseln, Staren und Rotkehlchen. Herbstfarbe leuchtend rot.

880. Polygonum aubertii, *Knöterich (Knöterichgewächse)* ☼–⚘ ❀
Heimat: Westchina. Bis 15 m Höhe erreichende Liane von ganz gewaltiger Wüchsigkeit. An festen Spanndrähten in die gewünschte Höhe geleitet, kann er gelegentlich schon vom 2. Jahr an helfen, störende Einblicke in einen Garten völlig abzuriegeln. Er kann ganze Feldscheunen unter der Fülle seiner Triebe und unter der aufschäumenden weißen Pracht seiner lockeren Blütenrispen begraben. Ein Festrausch für die Bienen! Als locker überhängender Schlinger für Pergolen und Balkongeländer erfüllt er seine Aufgabe stets etwas mit Überschwang, aber doch sehr schön. Mit Schere und Messer läßt er sich willig bändigen, ohne es übelzunehmen, weil er den Verlust in vier Wochen wieder aufgeholt haben wird. Blütezeit: Ende 7/10.

881. Wisteria sinensis, *Glycine, Blauregen (Schmetterlingsblütler* ☼ ❀ ⚘
Heimat: China. Höhe 6–8 m. Diese herrlich duftende Liane mit ihren blauen herabhängenden Blütentrauben eignet sich besonders für helle, leicht gelblich getönte Hauswände, während die Blütenfarbe vor dunklerem Klinkermauerwerk nicht zur Geltung kommt. Wichtig ist ein sehr harter Rückschnitt bei der Pflanzung auf etwa 30–40 cm. Die Bodenfläche ringsum muß mit Laub-Torfmull dick abgedeckt und bei Trockenheit stets gut feucht gehalten werden, der Wurzelhals und die Stammansätze werden vorteilhaft im ersten Wachstumsjahr gegen Sonnenbrand durch eine Moospackung (feucht halten) geschützt. Später ist nur eine gelegentliche gründliche Wässerung vor trockenen Hauswänden angebracht. Ein Schnitt sollte nicht immer so erfolgen, daß die Pflanzen wie Spalierreben beiderseits vom starken Stamm nur kurze Fruchtstummel behalten, weil dann im Frühjahr die Blüten nicht locker und natürlich genug verteilt sind, sondern einen parademäßig dres-

sierten Eindruck machen. Wenn Schnitt, dann im August!
Gelegentlich sollten wir an Pergolen und ähnlichen Rankgerüsten, auch an Laubgängen, den überraschenden Versuch mit der ungewöhnlich langtraubigen und an diesen Plätzen (nicht an Mauern!) wunderschön wirkenden Wisteria floribunda macrobotrys (W. multijuga) unternehmen! Man muß mit ihr nur einige Jahre Geduld haben, bis sie richtig voll eingewachsen ist und dann zu blühen beginnt. Die Trauben erreichen, dicht mit blauen Blüten besetzt, eine Länge von 60 cm und mehr.

882. Rubus henryi, *Rankende immergrüne Brombeere (Rosengewächse)* ☼–◑ △
Heimat: Mittel-Westchina. Höhe bis 6 m. Der größte Wert dieser immergrünen Brombeere besteht zur Winterzeit in ihrem interessanten, dreilappigen Laub. Unsere wichtigste immergrüne Rankenpflanze. Blüte hellrot in dichten Blütentrauben, Blütezeit: 6.

883. Vitis vinifera, *Echter Wein (Rebengewächse)* ☼ ⍜ △
Heimat: Europa, Nordafrika, Westasien. Die große Liebe sehr vieler Gartenbesitzer gilt einem Weinstock. Wo das Klima weniger sonnig und rauher ist, wird die Rebe nicht frei im Land, sondern an geschützten Südwänden als Spaliergewächs angepflanzt. In diesen Lagen müssen wir aber stets Frühsorten wählen, damit sie noch rechtzeitig ausreifen.
Wichtig ist die regelmäßige Bekämpfung der Weinschädlinge, besonders der Pilzkrankheiten mit regelmäßiger Spritzung. Schnitt im Januar–Februar, ehe der Saft in die Pflanze steigt und schwerer Schaden durch das „Bluten“ der Schnittstellen entstehen würde. Nach der Blüte muß der Grünschnitt vorgenommen werden, um gut ernährte und besonnte Trauben zu erzielen.

884. Vitis vinifera „Früher Mallinger“
Gute Spaliersorten (s. Text zu Nr. 883).

885. Vitis vinifera „Blauer Burgunder“
Blaue Weinsorte (s. Text zu Nr. 883).

886.–957. Nadelhölzer (Koniferen)
Nur in einem sehr großen Garten sollten Nadelhölzer, wie Tannen, Fichten, Kiefern, Lärchen u. ä., angepflanzt werden.
Aber auch kleinere und kleinste Gärten müssen nicht auf Nadelhölzer verzichten, wenn sich ihre Besitzer auf die vielen Wacholderarten (Juniperus) besinnen, die nicht zu groß werden und nicht durch gegenseitige Beschattung von unten her verkahlen und dadurch unansehnlich erscheinen. Da die meisten Koniferen lichtbedürftig sind und auf Schatten sofort mit dem Abwerfen der Nadeln antworten, müssen Fragen wie Standort, Sonne oder Schatten vor dem Anpflanzen genau überlegt und vor allem die Größenangaben mit den Möglichkeiten im Garten verglichen werden.
Ein anderer, genauso wichtiger Punkt ist die Rauch- und Säureempfindlichkeit gerade dieser Gewächse, deren Nadeln ja langjährig leben und in Industrie- oder Stadtrauch rasch zu kümmern beginnen. Alle Nadelhölzer verdunsten auch im Winter viel Wasser. Durch gute Bodenbedeckung mit immergrünen Polstern, durch reichliches Einwässern in trockenen Herbstmonaten bis zum Winterbeginn können sie leicht vor Austrocknungsschäden bewahrt bleiben.

886.–893. Abies, *Tanne, Edeltanne (Kieferngewächse)*
☼ ⊥ ⍜

886.–887. Abies concolor, *Grautanne, Koloradotanne*
Heimat: Kolorado. Bis 40 m hoher Baum. Durch seine graugrün mit Wachs bereiften Nadeln unanfällig gegen Rauch und Trockenheit.

888. Abies cephalonica, *Griechische Edeltanne*
Bis 30 m hoch, breit pyramidal und langsam wachsend. Will schweren Boden und Luftfeuchtigkeit. Silbergrau benadelt.

889. Abies homolepis, *Nikkotanne*
Heimat: Japan. Bis 30 m hoch, regelmäßig im Wuchs, industrie- und winterfest, leidet nicht unter der Trieblaus.

890.–891. Abies nobilis glauca, *Silbertanne*
Heimat: Nordamerika. Bei uns 15–25 m hoch, erreicht sie in der Heimat Höhen bis zu 90 m. Benadlung dunkelblau. Meidet Kalkböden.

892. Abies pinsapo, *Spanische Edeltanne*
Heimat: Südpanien. Höhe bei uns 15–20 m. Wegen ihres Wuchses für Einzelstellung am ehesten geeignet. Geschützter Standort sagt ihr am meisten zu.

893. Abies alba, *Weißtanne*
Heimat: Mitteleuropa. Bis 60 m hoch. Bekannter Waldbaum mit abgerundetem Kronengipfel, grauweißer Rinde, kann in größeren Edeltannenpflanzungen als „Ammenbaum“ zunächst den Schutz der aufwachsenden Bestände übernehmen.

894. Cedrus deodara, *Himalajazeder (Kieferngewächse)* ☼ ⊥ ♎
Heimat: Himalaja. Höhe 15–20 m. Ein elegantes, edles Gehölz mit bogig überhängenden Zweigen. Für Solitärstellung, aber auch inmitten heideartiger Trockenpflanzungen anwendbar. Verlangt Winterschutz. Sämlingspflanzen können vielfältig variieren in der Zweigform und in der Benadlung, von Gelbgrün bis Hellblaugrau. Zedernholz ist von hervorragender Haltbarkeit und Zähigkeit. (Der Tempel in Jerusalem besteht in seinem noch guten Balkenwerk aus heute zweitausend Jahre alten Zedernbalken!)

895. Cedrus atlantica glauca, *Blaue Atlaszeder*
Heimat: Atlasgebirge. Bis 40 m hoher, mächtiger, dekorativer Baum, der als Solitärgehölz in großen parkartigen Gärten sehr schön wirken kann.

896.–905. Chamaecyparis, *Lebensbaumzypresse, Scheinzypresse (Zypressengewächse)* ☼ △
Bei gut feuchtem, humusreichem Boden, anspruchslos an Pflege, gedeihen die Chamaecyparis-Arten und -Züchtungen fast überall so gut, daß sie auch dort verwendet werden, wo sie oftmals besser durch landschaftsnähere immergrüne Pflanzen ersetzt würden. Das ist kein abfälliges Urteil gegen ihre Schönheit, nur sollte man in der Anwendung dort vorsichtig sein, wo die freie Landschaft mit ihnen in direkte Tuchfühlung kommt. Zur Gewinnung von Bindegrün, in Zwergformen für Steingärten und bizarre, japanisch anmutende Gartenmotive sind entsprechende Formen oft reizvoll.

896. Chamaecyparis lawsoniana
Heimat: Nordamerika. 20–50 m hoch. Eine der Stammformen für eine unübersehbare Fülle von Abarten und Sorten vom lockeren Baum bis zur straff wie geschnitten erscheinenden schlanken Säulenform, die den südlichen Zypressen nahekommen. Buntlaubige, gelbbunte, bläuliche, hängende und zwergige Varietäten sind für jeden Zweck architektonischer wie auch spielerischer Gartenbetätigung verfügbar. In den Baumschulkata-

logen findet der Chamaecyparisfreund eine ihm entsprechende Auswahl aller möglichen Varietäten, während hier nur die wichtigsten gestreift werden sollen.

897. Chamaecyparis lawsoniana wisselii
5–10 m hohe grün-gelbliche Säulenform.

898. Chamaecyparis lawsoniana alumii
Bis 10 m hoch, kegelförmig, aufrechter Baum. Blau bereift bis graublau.

899. Chamaecyparis nootkatensis, *Nutka-Scheinzypresse*
Heimat: Nordamerika. Ein bis zu 30 m hoher schlank-kegelförmiger Baum der Küstennähe mit einem daher begründeten großen Luftfeuchtigkeitsanspruch.

900. Chamaecyparis nootkatensis pendula, *Nutka-Hänge-Scheinzypresse*
Diese bis zu 15 m hohe Hängeform erscheint wie eine malerische Fichte in der Tracht ihrer Zweige. Als Solitärgehölz am richtigen Platz vermag sie ausgezeichnete Wirkung zu tun.
Chamaecyparis nootkatensis glauca, blaue Form.

901. Chamaecyparis obtusa, *Japanische Scheinzypresse, Feuerzypresse, Hinoki-Scheinzypresse*
Heimat: Japan. Höhe 6–8 m. In der Heimat 40 m hoch. Schöner sind die daraus entstanden Zwergformen.

902. Chamaecyparis obtusa nana gracilis, *Zierliche japanische Scheinzypresse*
50–150 cm hohe Zwergkonifere für Steingärten und Einzelstellung an besonderen Gartenplätzen.

903. Chamaecyparis pisifera plumosa, *Federzypresse*
Bis 10 m hoch. Wichtigstes Nadelholz für die Binderei.

904. Chamaecyparis pisifera filifera, *Fadenzypresse*
Langsam wachsend, bis 3 m hoch.

905. Chamaecyparis pisifera squarrosa, *Blauscheinzypresse*
Höhe 10 m, breit, locker wachsend. Wichtig für die Binderei!

906.–908. Cryptomeria, *Sicheltanne (Sumpfzypressengewächse)* ☼ ⊥
Heimat: Japan. Höhe dort bis 50 m.

906.–907. Cryptomeria japonica lobbii
10–15 m hoch. Von eigenartiger Wuchsform. Solitärgehölz für ganz besondere Gartenbedingungen.

908. Cryptomeria japonica elegans
Jugendform der Art, vegetativ vermehrt, absonderlich in Wuchs und Behandlung. Höhe bis 3 m. Originelle Kübelpflanze. Im Freien ausgepflanzt, benötigt sie sowohl eine starke Laubdecke am Boden als auch einen Schutz aus Fichtenreisig für die ganze Pflanze.

909.–917. Juniperus, *Wacholder (Zypressengewächse)* ☼ △
Heimat: Nördliche Halbkugel. Gärten, öffentlichen Anlagen, kleinsten Steingärten, Innenhöfen und allen nur denkbaren Gartenplätzen dient der Wacholder mit seinen vielen Wildarten, Abarten, Säulenformen, kriechenden, fast nur polsterbildenden oder regelrecht baumartigen Gestalten. Auch in der freien Natur wirkt der Wacholder unübertrefflich. Es gibt einen einsamen Wald-Heideweg bei dem Gut Neddenriep bei Fallingbostel in der Lüneburger Heide. Wer diesen Weg mit seinen 1913 gepflanzten Wacholdern einmal langsam wandernd erlebte, wird plötzlich etwas Wunderbares aus dem tiefsten Wesen einer Pflanze spüren, wie wir es heute nur noch ganz selten erleben können.

909. Juniperus chinensis pfitzeriana, *Chinesischer Wacholder*
Heimat der Art: China. Diese Art erreicht dort eine Höhe von 20 m. Eine der weltbekanntesten Abarten ist der „Pfitzerwacholder". Dieser dunkelgrüne, flache und breite, oder, bei hochgezogenem Mitteltrieb, aufrechte und breite, schöne Wacholder begegnet uns täglich an unendlich vielen Gartenplätzen, in öffentlichen Anlagen, zur Begrünung von Böschungen, Steinmauern, als freie, ungeschnittene Hecke, als Solitärgehölz von bewundernswerter Höhe und Breite. Dabei ist diese Abart anspruchslos und widerstandsfähig gegen große Trockenheit. Harte Hausecken kann man mit dieser Pflanze auf einfachste Weise gefällig und liebenswürdig machen. Da auch Schatten dem gesunden Gedeihen nicht entgegensteht, ist dieser Wacholder in seiner Vielseitigkeit eins der dankbarsten immergrünen Gartengewächse überhaupt. Höhe und Breite bis 4 m und manchmal noch weit darüber hinaus.

910. Juniperus communis hibernica, *Irischer Säulenwacholder*
Die bis zu 4 m hohen, schmalen Säulen, geben uns ein naturhaft wirkendes erstklassiges Pflanzenmaterial, um in einer oder mehreren Gruppen das Ruhende der Gartenmotive durch die senkrechte Betonung aufzurütteln. Wie beim Bestücken von Vasen u. ä. gilt auch hier die Eigenart, daß die ungerade Zahl in der Verwendung die beste Gewähr für Spannung abgibt, also 3,5 oder 7, nicht aber 2, 4, 6.

911.–912. Juniperus communis suecica, *Schwedischer Säulenwacholder*
3–4 m hoch. Wie Nr. 910, in der Färbung mehr grünlich, gesund, Triebspitzen leicht überhängend.
Juniperus communis repanda, 30 cm hoch, 1,50 m breit. Hervorragende Bodendecke.

913. Juniperus horizontalis (Juniperus prostrata), *Kriechwacholder*
Heimat: Nordamerika. Höhe 30 cm, bildet enorm breite, dicht dem Boden aufliegende Schleppen. Ausgezeichnet für sandige Flächen und im Steingarten.

914. Juniperus chinensis procumbens (Juniperus chinensis plumosa, Juniperus japonica), *Chinesischer Wacholder*
1–2 m hoch, ausgebreitet. Trichterförmig wachsender Solitärwacholder von frischer grüner Farbe. Die Abart Juniperus chinensis procumbens aurea: goldgelbe, 1–2 m hohe weibliche Form, die wegen ihres eigenartigen Wuchses ebenfalls als Einzelgehölz am richtigen Platz sehr wirkungsvoll sein kann.

915. Juniperus sabina tamariscifolia, *Tamariskenwacholder, Spanischer Hängewacholder*
Ein breit herabhängender, 50 cm hoher, sich auch auf flachem Grund malerisch ausbreitender wunderschöner Strauch. Besonders wirksam am Hang zu großen Steinen, dazu Cytisus kewensis (Nr. 602) und entsprechende Stauden-Gräser-Gemeinschaft.
Kräftiger, dunkler und bis über 1 m hoch, von eigentümlichem Wuchs ist die Art Juniperus sabina mit den männlichen und weiblichen Formen: Juniperus sabina mas, Juniperus sabina femina, Juniperus sabina cupressifolia. Alle stark giftig!

916. Juniperus aquamata meyeri, *Blauzeder-Wacholder*
Dieser stahlblau benadelte Wacholder aus China wird bis zu 3 m hoch, verliert bei uns leider recht bald das dichte Zweig- und Nadelwerk, wird sparrig und damit kahlastig. Durch gelegentlichen Rückschnitt etwas zu beheben.

917. Juniperus virginiana glauca, *Blauer virginischer Wacholder*

Heimat: Kanada, Florida. Während die grüne Stammart in der Heimat bis 30 m Höhe, bei uns nur 6–8 m Höhe erreicht, wird die stahlblaue Abart glauca bei uns etwa 7 m hoch und kann mit dem zederartigen Wuchs an der geeigneten Stelle als Solitärgehölz wirksam aufgestellt werden.

918.–919. Larix decidua (europaea), *Europäische Lärche (Kieferngewächse)* ☼ ♎ ⚓

Heimat: Karpaten, Sudeten. Höhe 35 m. Liebenswerter lichtkroniger, laubabwerfender Nadelbaum der Gebirge, der sich wegen seiner vielen guten Garteneigenschaften: wundervoller lichtgrüner Frühjahrsaustrieb (noch vor der Birke!), hellviolett-dunkelrosa Jungzapfen, schönes helles Grün während des ganzen Sommers, lohfarbene Nadelfärbung im Herbst, auszeichnet. Da unter der Krone noch sehr viel Licht für Erika, Stauden u. ä. Gewächse übrigbleibt, lassen sich mit Lärchen die vielseitigsten Gartenmotive von größter Wirkung zusammenstellen.

920. Larix leptolepis, *Japanische Lärche*

Bis 30 m hoch. Liebt mehr Feuchtigkeit als die heimische Lärche, gedeiht daher im luftfeuchten norddeutschen Raum sehr gut. Zweige waagerecht, nicht hängend. Nadeln blaugrün, Zweige dunkelbraunrot.

921.–930. Picea, *Fichte (Kieferngewächse)* ☼ ♎

Heimat: Nördliche Halbkugel. Als „Tannenbaum" bekannter Baum unserer Wälder, der allerdings im atlantisch-feuchten Norddeutschland nicht immer zum besten gedeiht, da er trockeneres Binnenlandklima bevorzugt. Windfestigkeit ist bei anderen Arten wesentlich größer.

921.–922. Picea glauca, *Weißfichte*

Heimat: Nordamerika. Bis 30 m hoch. Bei uns erreicht der Baum mit seinem dicht geschlossenen pyramidalen Wuchs meist nur 15–20 m Höhe. Wie alle blauen und blaugrauen Pflanzen gegen Verdunstung stark geschützt, was auf ein Vorkommen auf Sandböden in Trockengebieten schließen läßt. Daraus leitet sich dann auch die Verwendung im Garten ab.

923.–924. Picea abies (Picea excelsa), *Fichte, Rottanne, Deutscher Weihnachtsbaum*

Heimat: Nordeuropäisches Gebirge. Höhe 30–50 m. Entwickelt sich am rechten Ort frei stehend zu einem imponierenden Baum. Unempfindlicher gegen Feuchtigkeit und Wind sind in den betreffenden Landschaften die Sitkafichte (Nr. 929–930) und die Weißfichte (Nr. 921–922).

Wichtig für Steingärten und Anpflanzung in Hausnähe sind die verschiedenen Zwergformen und Abarten der Picea abies, wie z. B. Picea abies pygmaea (Gnomenfichte), 1 m hoch, von stumpfer Kegelform, dichtbuschig. Picea abies maxwellii, flache Kugeln bis 1 m Höhe bildend. Picea abies nidiformis (Nestfichte) flach, ausgebreitet, bis 1 m hoch. Picea abies inversa (Hängefichte) bis zu 12 m schlank aufrecht wachsend mit senkrecht hängenden Zweigen bis auf den Boden.

925. Picea glauca conica, *Zuckerhutfichte*

Reizende, bis 3 m hohe, dicht benadelte, dichtzweigige Zwergfichte von langsamem, aber kompaktem Wuchs. Sehr schön im Steingarten aus flach bepolsterten Flächen herauswachsend.

926. Picea pungens glauca, *Blaufichte, Blaue Stechfichte*

Bis 20 m hohe Abart von Picea pungens von intensiver Blaufärbung (s. Text zu Nr. 921–922). Von veredelten Blaufichten sind vor allem bekannt Picea pungens glauca „Koster“, Picea pungens glauca moerheimii, eine verbesserte Koster von intensiver Färbung, kegelförmigem Wuchs.

927.–928. Picea omorika, *Serbische Säulenfichte*
Heimat: Südwestserbien. Von Gärten und Friedhöfen her bekannte schlanke Säulenfichte mit schön herabhängender Bezweigung. Höhe bis zu 30 m. In Serbien bis 50 m. Standfeste und trockenheitsunempfindliche Fichte.

929.–930. Picea sitchensis, *Sitkafichte*
Heimat: Nordamerika. Dort 40 bis 50 m hoch. Gedeiht gut im Küstengebiet. Anspruchslos an den Boden. Kann auf Sand Fuß fassen, aber auch auf anmoorig feuchten Böden.

931.–932. Pinus cembra, *Zirbelkiefer, Arve (Kieferngewächse)* ☼ ♀
Heimat: Alpen, Karpathen, Nordasien. Prachtvoller Gebirgsbaum; Einzelgänger, der größere Pflanzennachbarn nicht gut verträgt. Höhe bei langsamem Wuchs 10–25 m. Verträgt auch rauhe Lagen. Für große Steingärten ein typisches Solitärgehölz.
Die Abart sibirica aus Nordrußland wächst rascher, höher, ist dichter, kürzer benadelt und für den Garten noch wertvoller.

933.–934. Pinus contorta, *Drehnadelkiefer*
Heimat: Alaska, Kalifornien. Küstenbaum am Stillen Ozean. Bei uns bis 5 m hoch. Eigenartige Solitärpflanze für trockene, sandige und Dünenlagen.

934. Pinus montana mughus, *Mughuskiefer, Niedrige Bergkiefer*
Eine mehr kriechende Abart der gewöhnlichen Latschenkiefer. Aus den Krummholzgürteln von den Alpen bis zu den Pyrenäen. Im Garten findet sie für Steingärten, Natursteinmauern, Hausecken, an Terrassen, zur Bepflanzung trockener, besonnter Hänge vielfach ihren guten Platz. Aber auch als lockere, zwanglos gepflanzte, ungeschnittene Hecke kann sie gelegentlich sehr reizvoll aussehen. Durch Herausschneiden der jeweiligen Mitteltriebe wird das Höhenwachstum mehr in die Breite gedrückt.
Noch weniger hoch, kurznadliger, zierlicher ist Pinus montana pumilio, die Zwergföhre.

936.–937. Pinus nigra austriaca, *Schwarzkiefer* ☼ ⊥ ♀
Heimat: Österreich, Balkan. Prachtvoller, breit verzweigter, bei Einzelstellung bis zum Erdboden dicht beasteter Baum von schwarzgrüner, dunkler Farbe. Anspruchslos an den Boden. Wo die Gartengröße keinen hohen Baum zuläßt, erziehen wir ihn durch häufiges Herausschneiden des Haupttriebes bis zum darunterliegenden nächsten Astquirl zu einer kompakten, breitwachsenden Baum-Strauchgestalt.

938. Pinus parviflora, *Mädchenkiefer* ☼ ⊥
Heimat: Japan. Sehr zierliche Kiefer, auch für den kleinen Garten. Die Nadeln sind gedreht, von blaugrüner Farbe. Reicher Zapfenansatz. Wuchs sehr langsam. Wird später schön breitausladend. Der Boden darf dürftig, nie aber stauend naß oder zu feucht sein.

939. Pinus peuce, *Rumelische Weymouthskiefer*
Heimat: Balkan. Ähnlich der amerikanischen Weymouthskiefer, nur weniger anfällig gegen Blasenrost und weniger anspruchsvoll an den Boden. Höhe bis zu 20 m. Fast fichtenartig wachsender pyramidaler Baum.

940. Pinus silvestris, *Kiefer, Föhre, Forche* ☼ ⊥ △

Heimat: Europa–Sibirien. Leider denken wir bei dem Wort „Kiefer“ an Kiefernwald, nicht aber an die so charaktervoll ausgeprägten Einzelbäume von Kiefern, wie sie, je weiter nach Osten, desto eichenähnlicher und gewaltiger in Stamm und Kronenform werden. Kupferfarben leuchtet im Winter bei Schnee die rotglühende Rinde, wenn die späte Sonne sie trifft. Ein wahrhaft lohnender Baum, da, wo sich die Größe des Gartens mit einem Sandhügel zufällig trifft.

941.–942. Pinus strobus, *Weymouthskiefer* ☼ ⊥
Heimat: Nordamerika. Höhe 20 bis 50 m. Weichnadlig. Jung von pyramidaler Form, im Alter bei freiem Stand dann „Windfahnen“ oder breite Kronen bildend. Zapfen sehr lang, harzreich. Bei uns bis 30 m hoch. Wunderbar bei Regenwetter, wenn an den Nadelspitzen die Wassertropfen hängen. Einzelbaum in Felsgärten. Paßt gut zu Cedrus deodara (Nr. 894).

943.–944. Pseudotsuga taxifolia, *Küstendouglasie (Kieferngewächse)* ☼–●
Heimat: Nordamerika. Höhe bei uns bis 20 m. Kann sehr großen Schatten vertragen, daher gutes Füllholz für immergrüne Pflanzungen unter Bäumen auch auf magersten Böden. Keine stauende Nässe!

945. Sciadopitys verticillata, *Japanische Schirmtanne (Sumpfzypressengewächse)* ☼–◑ ⊥
Heimat: Südjapan. Höhe bei uns meist 4–5 m. Eigenartig schönes Charaktergehölz für schattige und feuchte Lagen. Wuchs pyramidal, Nadeln von 8–12 cm Länge, sehr breit, schirmartig angeordnet. Ausgefallenes Solitärgehölz, winterhart.

946.–947. Sequoia gigantea (Sequoiadendron giganteum), *Mammutbaum (Sumpfzypressengewächse)*
Heimat: Kalifornien. Dort über 100 m hoch, bei uns bis zu 50 m, völlig hart. Stamm unten rübenartig verdickt. Eine gewaltige Konifere, wie sie in Musterexemplaren auf der Insel Mainau im Bodensee, in Weinheim (Baden) in großem Bestand von 157 Exemplaren und in Bensheim an der Bergstraße (neben sehr vielen anderen seltenen Bäumen und Gehölzen) bestaunt und bewundert werden kann. Die Sequoia erreicht einen Stammdurchmesser von 12 m und mehr, sie kann über zehntausend Kubikmeter des begehrten „Redwood“ liefern.

948. Taxodium distichum, *Sumpfzypresse (Sumpfzypressengewächse)* ☼ ⊥
Heimat: Nordamerika. Wächst an Flußufern und an Sumpfrändern. Höhe 30 m. Ein herrlich aufstrebender schlanker Baum mit waagerechter, abstehender Bezweigung. Die im Frühjahr lichtgrün austreibenden frischen Blätter färben sich im Herbst braunrot. In großen Parkanlagen auf gut feuchtem Stand auch bei uns sehr dekorative Bäume.

949. Taxus baccata, *Heimische Eibe (Eibengewächse)* ☼–● ⊥
Heimat: Nördliche Halbkugel. Als schattenverträgliches Unterholz in Buchen-, Laub- und Nadelholzwäldern ursprünglich heimisch, durch Forstwirtschaft fast überall ausgerottet und verdrängt. Giftiges Gehölz! Besonders darf es an Wegen u. ä. nicht angepflanzt werden, da Pferde sich daran vergiften! Es gibt uralte Taxusbestände, deren Alter bis zu tausend Jahren geschätzt wird. In der Tucheler Heide) Westpreußen), auf dem Eichsfeld (Thüringen) und im Werragebiet finden sich noch heute urälteste Taxusveteranen. Das zähe

Holz wurde früher zu Bogen und Armbrüsten verarbeitet.
Im Garten ist diese Konifere eine der brauchbarsten und liebenswertesten mit dem dunklen Nadelwerk, der Vielfalt der Wuchsformen, der Schattenverträglichkeit, den roten Becherfrüchten im Herbst oder der goldgelben Pracht der männlichen Pflanzen zur Blütezeit.

950. Taxus baccata fastigiata, *Irländische Säuleneibe.*
Vor hellen Hauswänden, auf Innenhöfen, in Hausnähe an Wohnterrassen geben diese etwas strengen, oft mehrarmigen Säulenformen, die 3–5 m hoch werden können, einen südlichen Akzent.

951. Taxus baccata aurea, *Goldeibe*
Goldbunte Form, die gelegentlich zu einem größeren Taxusverband gesellt werden kann.

952.–954. Thuja, *Lebensbaum (Zypressengewächse)* ☼
Heimat: Nordamerika, Ostasien. Häufig auf Friedhöfen angepflanzt. Wird auch als gärtnerisches Bindegrün verwandt.

952. Thuja occidentalis, *Abendländischer Lebensbaum*
Heimat: Nordamerika–Kanada. Höhe 10 m und darüber. Besonders als Heckengehölz weit verbreitet.

953. Thuja plicata (Thuja gigantea), *Riesenlebensbaum*
Heimat: Nordamerika. Dort bis 60 m hoch. Erstaunliches Gehölz mit einem Wald von „Ablegern" um den eigentlichen Stamm.
Durch herunterhängende Zweige („Schleppenbildung", d. h. bewurzelte Ableger rings um den Stamm) entstehen auch in unseren Wäldern manchmal bei Fichten originelle Schleppen.
Wundervolle Exemplare der Thuja plicata befinden sich auf der Insel Mainau im Bodensee.

954. Thuja standishii, *Japanischer Lebensbaum*
Heimat: Japan. Höhe 15 m. Malerisch, locker wachsend von frischer grüner Farbe.

955. Thujopsis dolobrata, *Hibalebensbaum (Zypressengewächse)* ☼–◑
Heimat: Japan. Schatten und Feuchtigkeit liebender Baum. Bei uns mehr strauchartig wachsendes Gehölz.

956.–957. Tsuga, *Hemlockstanne (Kieferngewächse)* ☼–●
Heimat: Nordamerika. Malerisches Gehölz mit waagerecht überhängenden Ästen. Oft mehrstämmig. Verträgt leichten Schatten. Krone breit, oben abgerundet.

956. Tsuga heterophylla, *Westamerikanische Hemlockstanne*
Heimat: Nordamerika. Höhe bis zu 60 m. Liebt schweren Boden und hohe Luftfeuchtigkeit. Geschützte Lage.

957. Tsuga canadensis, *Kanadische Hemlockstanne*
Heimat: Nordamerika. Diese Art ist härter als die vorige. Der malerische, elegante Wuchs, die feine Benadlung, die Neigung, mehrstämmig zu wachsen, machen diese Konifere zu einem guten Gartenbaum in Einzelstellung oder auch inmitten einer entsprechenden Pflanzung immergrüner Gewächse. Höhe 15–20 m.

REGISTER

Die Ziffern hinter den deutschen und lateinischen Pflanzenbezeichnungen geben die Nummern der Abbildungen und der erläuternden Texte an

C

D

E

F